AF357553

THÈSES

PRÉSENTÉES

A LA FACULTÉ DES SCIENCES DE PARIS

POUR OBTENIR

LE GRADE DE DOCTEUR ÈS SCIENCES NATURELLES

PAR

Nicolas Christo APOSTOLIDÈS

LICENCIÉ ÈS SCIENCES NATURELLES DE LA FACULTÉ DE PARIS

1re **THÈSE.** — ANATOMIE ET DÉVELOPPEMENT DES OPHIURES.
2e **THÈSE.** — PROPOSITIONS DONNÉES PAR LA FACULTÉ.

Soutenues le 21 décembre 1881 devant la Commission d'examen

MM. HÉBERT, *Président.*
DUCHARTRE,
DE LACAZE-DUTHIERS, } *Examinateurs.*

PARIS

TYPOGRAPHIE A. HENNUYER

7, RUE DARCET

1881

ACADÉMIE DE PARIS

FACULTÉ DES SCIENCES DE PARIS

MM.

DOYEN......	MILNE-EDWARDS, prof.....	Zoologie, Anatomie, Physiologie comparée.
PROFESSEURS HONORAIRES..	DUMAS. PASTEUR.	
PROFESSEURS.	P. DESAINS...............	Physique.
	LIOUVILLE	Mécanique rationnelle.
	PUISEUX...........	Astronomie.
	HÉBERT........	Géologie.
	DUCHARTRE..............	Botanique.
	JAMIN	Physique.
	SERRET..................	Calcul différentiel et intégral.
	DE LACAZE-DUTHIERS.....	Zoologie, Anatomie, Physiologie comparée.
	BERT....................	Physiologie.
	HERMITE.....	Algèbre supérieure.
	BRIOT................. .	Calcul des probabilités, Physique mathématique.
	BOUQUET................	Mécanique physique et expérimentale.
	TROOST................	Chimie.
	WURTZ.................	Chimie organique.
	FRIEDEL	Minéralogie.
	O. BONNET........	Astronomie.
	DARBOUX..............	Géométrie supérieure.
	N.....................	Chimie.
AGRÉGÉS.....	BERTRAND. .... J. VIEILLE...............	Sciences mathématiques.
	PELIGOT............... ..	Sciences physiques.
SECRÉTAIRE..	PHILIPPON.	

A M. H. DE LACAZE-DUTHIERS

OFFICIER DE LA LÉGION D'HONNEUR
MEMBRE DE L'INSTITUT DE FRANCE (ACADÉMIE DES SCIENCES)
PROFESSEUR DE ZOOLOGIE, D'ANATOMIE ET DE PHYSIOLOGIE COMPARÉE A LA SORBONNE
(FACULTÉ DES SCIENCES).

CHER ET HONORÉ MAITRE.

Lorsque je me suis présenté dans votre laboratoire, quoique étranger. vous m'avez reçu avec la plus grande cordialité. Vous m'avez fait connaitre la Zoologie et les méthodes de recherches, vous m'avez aidé de vos conseils et favorisé de toutes les manières en me procurant la facilité de travailler dans l'Océan et dans la Méditerranée à un sujet que vous m'avez vous-même indiqué. Pour vous exprimer ma reconnaissance de tant de bontés je n'ai qu'un moyen : vous dédier mon premier travail.

En retournant en Grèce, j'emporterai le souvenir de votre enseignement et de l'hospitalité si généreuse de vos laboratoires que nulle part on ne trouve comme en France.

Dussé-je toujours rester éloigné de vous, je n'en resterai pas moins élève, heureux quand vous voudrez bien me donner encore vos conseils.

Votre élève respectueux,

Nicolas Chr. APOSTOLIDÈS.

ANATOMIE ET DÉVELOPPEMENT

DES OPHIURES

PAR

NICOLAS CHRISTO-APOSTOLIDÈS
Licencié ès sciences naturelles de la Faculté de Paris.

INTRODUCTION.

La comparaison des animaux voisins conduisant à la connaissance des types divers, et suivie du rapprochement de ces types pour arriver, dans un ordre d'idées plus élevé, par l'appréciation des faits acquis, à la découverte d'un plan général des lois de la nature, tel est le but vraiment philosophique auquel doit tendre de nos jours la zoologie.

Depuis que dans la science règne cette tendance fort louable de très nombreux travaux de morphologie ont paru sur presque tous les groupes importants du règne animal. L'un d'eux, qui n'est pas le moins intéressant, a depuis quelques années attiré particulièrement l'attention des zoologistes. Ce groupe est celui des Echinodermes, qui se prête si bien aux considérations de morphologie générale.

Mais si l'on s'est attaché, en les comparant, à rechercher le lien qui unit les divisions si nettes, si distinctes des Holothuries, des Oursins et des Etoiles de mer, il faut bien le dire, à ne considérer que la valeur relative des travaux morphologiques, les Ophiures occupent le dernier rang.

Cependant, l'importance de cet ordre, au point de vue que nous envisageons ici, est du plus haut intérêt, et lorsqu'on veut, à l'aide de travaux publiés sur lui, concevoir son plan morphologique, on éprouve les plus grandes difficultés, difficultés qui tiennent surtout à ce que l'on manque des connaissances anatomiques détaillées et spéciales nécessaires.

Or, on ne peut songer à entreprendre avec succès la comparaison et l'étude morphologique des Ophiures qu'après avoir acquis des résultats précis et définitifs sur leur organisation.

Guidé par les conseils de notre excellent maître M. H. de Lacaze-Duthiers, nous avons entrepris une monographie organographique de cet ordre, en nous attachant à des études exclusives d'anatomie, de physiologie et d'embryogénie indépendantes d'abord de toute comparaison.

Nos recherches ont porté, sauf quelques exceptions, sur des animaux vivants, et nous sommes heureux de dire que, si nous avons pu arriver à quelques résultats nouveaux, c'est grâce à l'abondance de ressources qu'offrent aux travailleurs les laboratoires de zoologie expérimentale de Roscoff et de la Sorbonne, dans lesquels ont été faites ces recherches.

Grâce à l'installation des laboratoires au bord de la mer, où nous avons longuement séjourné, nous avons pu observer aussi complètement que possible les mœurs des animaux qui ont servi à nos études. Et pour arriver à des résultats plus généraux nous avons entrepris pendant l'hiver 1880 et 1881 un voyage aux bords de la Méditerranée, voulant ainsi compléter nos observations sur des animaux vivant dans des conditions très différentes de celles qu'offre l'Océan.

Le tribut que nous apportons à l'histoire de la science est certainement bien faible ; ce que nous souhaitons, c'est que cet essai en histoire naturelle puisse être considéré comme une introduction à nos études dans l'avenir.

HISTORIQUE.

Nous serons extrèmement bref sur ce point. Comme nous venons de le dire, peu d'ouvrages concernent spécialement les Ophiures. C'est toujours dans les traités d'anatomie comparée que l'on rencontre les traits généraux de leur organisation.

Nous résumerons les mémoires récents, en renvoyant le lecteur, pour une bibliographie complète, à la belle monographie des Ophiurides et Astrophytides de M. Théodore Lyman [1], où l'on trouvera les noms des ouvrages et des auteurs qui ont traité des Ophiures, cités avec un soin qui ne laisse rien à désirer. Une répétition de ce catalogue nous paraît inutile. Nous nous bornerons donc à citer les ouvrages récents parus depuis celui-là.

---

[1] *Illustrated Catalogue of the Museum of Comparative Zoo'ogy, at Harward College,* Cambridge, 1865, et Suppl., 1871.

Carpenter Herbert, *The minute Anatomy of the Brachiate Echinoderms* (*The Quarterly Journal*, April 1881, p. 169-193, pl. XI-XII).

Lange W. *Beitrag zur Anatomie und Histologie der Asterien und Ophiuren* (*Morphol. Jahrb.*, Band II, 1876, p. 241-286, pl. XV-XVIII).

Ludwig Hubert, *Beiträge zur Anatomie der Ophiuren* (*Zeitschr. f. wiss. Zool.*, Band XXXI, p. 346-394, pl. XXIV-XXXIII).

Ludwig Hubert, *Neue Beiträge zur Anatomie der Ophiuren* (*Zeitschr. f. wiss. Zool.*, Band. XXXIV, p. 333-365, pl. XIV-XVI).

Simroth H., *Anatomie und Schizogonie der Ophiactis virens* Sars (*Zeitsch. f. wiss. Zool*, Band XXVII, p. 417-485 et p. 555-560, pl. XXXI-XXXV).

Simroth H., *Zeitschr. f. wiss. Zool.*, Band XXVIII, p. 419-526, pl. XXII-XXV.

Teuscher R., *Beiträge*, etc. *Ophiuridœ* (*Jenaisch. Zeitschr.*, Band X, p. 263-280, pl. VIII).

Dans l'ordre chronologique les mémoires de MM. Simroth, Lange et Teuscher ont paru presque à la même époque. — Le premier mémoire de M. Ludwig a suivi de près ces derniers : le second parut pendant le cours même de nos recherches.

Celui de M. Carpenter n'est qu'un simple résumé des faits nouveaux signalés par les auteurs cités et fait pour mettre au courant de ces questions le public anglais.

Ainsi nous n'avons à porter notre attention que sur quatre mémoires.

Le titre indique quel était le but de l'étude de M. H. Simroth. Les genres d'Ophiures à six bras, auxquels appartient l'*Ophiactis virens* qui lui a servi de type, possèdent la faculté de se couper en deux, chaque partie à son tour devient un animal complet.

A ce point de vue, l'étude paraît être extrèmement intéressante, mais comme étude d'ensemble le sujet est mal choisi. Ces animaux ne vivant pas dans nos mers, l'observation ne peut se faire que sur des animaux conservés.

Se faire une idée de l'organisme, examiner le mode de la distribution des vaisseaux, la nutrition, sur des sujets morts et mal conservés, nous paraît impossible. Pourtant M. Simroth nous a donné dans son travail beaucoup d'observations, dont nous nous plaisons à reconnaître la justesse et à admirer la précision. Plusieurs fois nous aurons recours à ses figures pour servir de preuves à nos propres observations, étant donné qu'on peut en tirer les véritables interprétations de beaucoup de points dont l'éloignait l'idée prédominante qui le guidait.

Le mémoire de M. Lange traitant spécialement de la structure des tissus, son analyse trouvera mieux sa place dans le courant du travail.

M. R. Teuscher, dans son étude sur la morphologie générale des Échinodermes, a consacré quelques pages à l'organisation des Ophiures. Il n'a touché que très succinctement au sujet, c'est-à-dire autant que cela lui était nécessaire pour son étude particulière; il a eu recours exclusivement à des animaux conservés, et son mode d'étude méritera en temps et lieu une mention particulière pour l'originalité des procédés mis en usage.

Nous arrivons aux travaux de M. H. Ludwig, qui, en raison de leur date récente, contiennent une discussion complète des travaux les plus modernes, et en même temps un ensemble de faits nouveaux.

L'ensemble de son étude sur les Ophiures présente deux points importants. Le premier est la découverte d'organes particuliers, auxquels il donna le nom de *bourses*, et qu'il décrivit tout en ayant un léger soupçon de leur véritable signification comme complément des organes de la génération qui souvent sont attachés sur elles.

Le second point, c'est un schéma théorique de la circulation des Ophiures, dans laquelle un rôle important est dévolu à l'organe piriforme souvent appelé *cœur*, et qui est situé sur le parcours du canal du sable.

M. Ludwig[1], comme lui-même le déclare dans ses deux mémoires, a observé un grand nombre d'Ophiures, grâce à sa position de directeur du musée d'histoire naturelle de Brême, mais tous ses échantillons étaient conservés dans l'alcool.

Nous ne prétendons pas par cette très courte analyse donner une idée exacte des travaux de nos prédécesseurs. Nous voulons seulement obéir à l'habitude consacrée par les différents auteurs qui ont écrit avant nous.

C'est surtout au courant de notre travail que nous reprendrons point par point la discussion des parties litigieuses.

Au reste une analyse aussi complète que possible ne pourrait donner une idée exacte des différences de vues entre les travaux antérieurs et celui que nous présentons sans connaître préalablement ce dernier.

[1] *Loc. cit.*, p. 386.

LISTE DES ANIMAUX ÉTUDIÉS ET LEUR SYNONYMIE.

OPHIOGLYPHA LACERTOSA (LYMAN).

1733. *Stella lacertosa*, Linck. *De Stel. Mar.*, pl. III, fig. 4, p. 47.
1816. *Ophiura texturata*, Lamk. *Hist. anim. s. vert.*, II, p. 542.
1841. *Ophiura texturata*, Forbes. *Brit. Starfishes*, p. 22.
1859. *Ophiura texturata*, Lütken. *Addit. ad Hist. Oph.*, p. 36.
1865. *Ophioglypha lacertosa*, Lyman. *Ophiurid. and Astrophy.*, p. 40.

OPHIOGLYPHA ALBIDA (LYMAN).

1816. *Ophiura texturata, minor albida*, Lamk. *Hist. anim. s. vert.*, II, p. 542.
1839. *Ophiura albida*, Forbes. *Wern. Trans.*, VIII, p. 125.
1841. *Ophiura albida*, Forbes. *Brit. Starfishes*, p. 27.
1859. *Ophiura albida*, Lütken. *Addit. and Hist. Oph.*, p. 39.
1865. *Ophioglypha albida*, Lyman. *Ophiur. and Astrop.*, p. 49.

OPHIOCOMA NIGRA (MULL. ET TROSCH.).

1789. *Asterias nigra*, O.-F. Müll. *Zool. Dan.*, pl. XCIII.
1841. *Ophiocoma granulata*, Forbes. *Brit. Starfishes*, p. 30.
1842. *Ophiocoma nigra*, Müll. et Troch. *System. der Asterien*. p. 100.
1865. *Ophiocoma nigra*, Lyman, *Ophiur. and Astrop.*, p. 81.

AMPHIURA FILIFORMIS (FORBES).

1776. *Asterias filiformis*, O.-F. Müll. *Zool. Dan. Prodr.*
1816. *Ophiura filiformis*, Lamk. *Hist. anim. s. vert*, II, p. 546.
1842. *Amphiura filiformis*, Forbes. *Linn. Trans.*, XIX, p. 151.
1842. *Ophiolepis filiformis*, Müll. et Trosch. *Syst. Asteriden*, p. 94.
1865. *Amphiura filiformis*, Lyman. *Ophiur. and Astroph.*, p. 116.

AMPHIURA SQUAMATA (SARS).

1828. *Asterias squamata*, Delle Chiaje. *Memorie*, III, p. 77.
1835. *Ophiuran eglecta*, Johnston. *Mag Nat. Hist.*, p. 467.
1841. *Ophiocoma neglecta*, Forbes. *Brit. Starfishes*, p. 30.
1842. *Ophiolepis squamata*, Müll. et Troch. *Syst. Asteriden*, p. 92.
1836. *Ophiolepis (Amphiura) squamata*, Sars. *Middelhav. Lit. Fauna*, II, p. 84.
1852. *Ophiolepis tenuis*, Ayres. *Proceed. Boston. Soc. Nat. Hist.*, IV, p. 133.
1860. *Amphiura tenuis*, Lyman. *Proceed. Boston. Soc. Nat. Hist.*, VII, p. 194.
1865. *Amphiura squamata*, Lyman. *Ophiur. and Astrop.*, p. 121.

OPHIOPSILA ARANEA (FORBES).

1842. *Ophiopsila aranea*, Forbes. *Trans. Linn. Soc.*, XIX, p. 149.
1851. *Ophianoplus marmoreus?* Sars. *Nyt. Mag. for. Naturtiv.*, X, p. 2.
1859. *Ophiopsila marmorea*, Lütken, *Addit. ad. Hist. Oph.*, p. 136.
1865. *Ophiopsila aranea*, Lyman. *Ophiur. and Astrop.*, p. 151.

OPHIOTHRIX ROSULA (FORBES).

1733. *Stella scolopendroïtes; Rosula scolopendroïdes*, Linck. *De Stel. Mar.*,
          p. 52, pl. XXVI, fig. 42.
1789. *Asterias fragilis*, O.-F. Müller. *Zool. Dan.*, p. 28, pl. XCVIII.
1816. *Ophiura fragilis* et *O. tricolor*, Lamk. *Hist. d. anim. s. vert.*, II, p 546.
1841. *Ophiocoma rosula*. Forbes, *Brit. Starfishes*, p. 60.
1842. *Ophiothrix rosula*, Forbes. *Linn. Trans.*, XIX, p. 151.
1842. *Ophiothrix fragilis*, *O. echinata*, *O. tricolor* et *O. Ferussacii*, Müll. et
          Trosch. *Syst. der Asteriden*, p. 110-112.
1865. *Ophiothrix rosula*, Lyman. *Ophiur. and Astroph.*, p. 154.

OPHIOTHRIX VERSICOLOR (NOBIS).

On connaît sous le nom d'*Ophiothrix fragilis*, ou *rosula*, cette espèce, abondante dans la Méditerranée et sur les côtes de la Manche, caractérisée par la présence de piquants sur le disque de son corps, ce qui lui a valu son nom de genre. Cette espèce est considérée comme dépourvue de vésicules de Poli; ses colorations varient entre le bleu et le rougeâtre.

Nous avons rencontré sur les côtes de la Manche une espèce vivant toujours au large, présentant toujours la même coloration rose et pourvue de vésicules de Poli; c'est cette espèce à laquelle Johnston (*Mag. Nat. Hist.*, 1836, p. 231, fig. 26) a donné le nom d'*Ophiura rosula*. Nous avons cru nécessaire, pour éviter toute confusion, de signaler cette triple particularité.

Coloration constante, bras convexes et vésicules de Poli caractérisent l'*Ophiothrix rosula*.

Coloration variable, bras moins convexes et surtout caractère anatomique important, *absence de vésicules de Poli* caractérisent l'*Ophiothrix versicolor*.

DISTRIBUTION GÉOGRAPHIQUE.

	Roscoff.	Collioure.	Morgate.
Ophioglypha lacertosa..........	Trouvée.	Trouvée.	Non.
Ophioglypha albida.	*Idem.*	Non.	Non.
Ophiocoma nigra..............	*Idem.*	Non.	Non.
Amphiura filiformis...........	Non.	Non.	Trouvée.
Amphiura squamata...........	Trouvée.	Non.	*Idem.*
Ophiopsila aranea.............	*Idem.*	Trouvée.	Non.
Ophiothrix rosula.............	*Idem.*	Non.	Non.
Ophiothrix versicolor	*Idem.*	Trouvée.	Trouvée.

PREMIÈRE PARTIE.

ANATOMIE.

I. GÉNÉRALITÉS, HABITAT, MŒURS.

C'est à Lamarck que revient la paternité du nom *Ophiure*, employé comme nom de genre pour la première fois dans l'édition de son *Système des animaux sans vertèbres* (1816). Il établit les deux genres Ophiure et Euryale en prenant pour type du premier l'*Asterias ophiura* de O. F. Müller[1], qui est la belle Ophiure très abondante dans la Méditerranée et les mers du Nord, citée dans le dernier ouvrage de M. Théodore Lyman[2] sous le nom d'*Ophioglypha lacertosa*. Jusqu'à cette époque ces animaux se confondaient avec les Astérides, portant tantôt le nom générique de *Stella,* tantôt celui d'*Asterias.*

Les Ophiures habitent dans toutes les mers, et c'est toujours par milliers qu'elles se rencontrent. Les fonds de sable sont partout couverts de ces animaux. La forme du corps est toujours la même, il en est de même de leur organisation intérieure. Leurs teintes extérieures, leurs ornements, la structure des bras, la présence de piquants établissent entre elles des différences caractéristiques.

Ces différences sont telles, que la taxonomie la plus récente a dû créer, pour les exprimer, un grand nombre de mots nouveaux, parfois euphoniques, mais parfois aussi sentant un peu la barbarie.

Nous sommes loin d'approuver un tel classement qu'aucun caractère intérieur important ne motive. Pourtant, pour ceux qui s'occu-

[1] *Zool. Dan. Prodrom*, p. 235, n° 2840.
[2] *Loc cit.*, p. 40.

pent de la pure détermination, et qui sont habitués à retenir une série interminable de noms, ce mode est nécessaire. Nous ne nous arrêterons pas plus longtemps sur ce point.

Les Ophiures de nos côtes se présentent sous la forme pentagonale ou complètement circulaire ; elles sont munies de bras serpentiformes. La partie qui nous apparaît dans un animal vu dans sa position naturelle est la partie dorsale. La bouche étant située du côté opposé, les Ophiures marchent ayant la bouche en bas. Nous disons marchent et non rampent, car ce n'est que lorsqu'elles ont été fatiguées par un long séjour dans les aquariums qu'elles se mettent à plat. Dans les conditions naturelles et lorsqu'elles sont bien vivantes, elles allongent un ou deux bras en avant, et prenant sur eux un point d'appui, attirent le reste de leur corps dans la direction où elles veulent aller. Même à l'état de repos les bras seuls touchent le sol; le disque reste soulevé. On pourra se faire une idée de cette position sur une Ophiure bien vivante, en se la représentant comme soutenue à une certaine hauteur par une espèce de trépied à cinq branches.

Le caractère certain pour reconnaître la vitalité d'une Ophiure c'est de la placer sur le dos ; si elle peut se retourner, elle est dans les meilleures conditions et l'on peut se convaincre que les Ophiures peuvent diriger leurs bras dans toutes les directions.

La petite espèce *Amphiura squamata* (Forbes), si intéressante à cause de son mode de propagation par viviparité, contourne ses bras avec une excessive vitesse autour de son disque, et se transforme ainsi en un corps complètement sphérique. Nous croyons que parmi les Ophiures elle seule possède cet avantage, qui, en diminuant la surface de son corps, lui permet de descendre au fond de l'eau sans être déviée par les courants. Une modification interne du squelette, qui sera citée à sa place, facilite ce mouvement.

Un autre fait qui encore pourrait avoir son importance, c'est que jamais au même endroit on ne pourra pêcher abondamment deux différentes espèces. Sauf certaines Ophiures, que nous citerons tout à l'heure, les autres se rencontrent constamment au même endroit et jamais mélangées.

Si nous commençons par celles de la Méditerranée, surtout celles qui vivent sur les côtes des Pyrénées-Orientales, depuis Argelès-sur-Mer jusqu'à Cerbère, dernière limite de la France, l'*Ophioglypha lacertosa* (Lyman) se rencontre toujours sur les endroits où le fond est rocailleux et surtout au voisinage de la terre ; quand les pêcheurs, empêchés par le mistral qui pendant l'hiver sévit sur ces côtes, craignant d'affronter la haute mer, tirent leurs filets près de la côte, cette espèce abonde dans leurs filets, et à ce que nous avons pu recueillir de la bouche des pêcheurs, on ne rencontre cette Ophiure que jusqu'à la profondeur de 30 à 40 mètres. Au contraire, par le vent du sud, étant obligés de se diriger plus au large, ils retirent d'une profondeur de 80-90 mètres l'*Ophiothrix versicolor* (nobis).

En nous reportant, d'après les renseignements fournis par les pêcheurs, à la carte marine, nous voyons que l'*Ophioglypha lacertosa* vit sur des fonds de sable fin gris, et l'*Ophiothrix versicolor* sur des fonds de vase molle.

Si nous nous reportons à présent à celles que l'on rencontre aux environs de Roscoff sur les côtes de la Manche, nous trouvons les mêmes faits.

L'*Ophioglypha albida* (Forbes), qui ne diffère de la *lacertosa* que par la coloration et par la grandeur, abonde toujours aux endroits rocailleux près de la côte par une profondeur de 18-20 mètres au nord de l'île de Batz, entre Enes-Vey et Astan, on la trouve aussi au Cordonnier.

L'*Ophiothrix rosula* abonde entre les Trépieds et la Méloine, sur une profondeur de 49-55 mètres, où le sol est composé de sables et de coquilles brisées.

L'*Ophiocoma nigra* se rencontre un peu au nord du même endroit, où le fond commence à devenir plus rocailleux.

L'*Ophiothrix versicolor*, que nous avons vue abondante dans la Méditerranée, habite à Roscoff en assez grande abondance devant le laboratoire, sous les pierres qui reposent sur le sol vaseux entre l'île Verte et le Vill dans l'Herbier.

Une autre espèce, l'*Amphiura filiformis*, qui manque à Roscoff, mais qui se trouve en abondance sur la côte du Finistère (baie de Douarnenez, anse de Morgate), habite dans le sable vaseux.

L'*Amphiura squamata* se rencontre surtout dans des amas d'algues pourries ; pendant les mois de juillet et d'août elle abondait dans les nids de Vieille (poisson du genre Labrus).

Une autre espèce, dont un seul échantillon a été rencontré à Roscoff, l'*Ophiopsila aranea* (Sars), paraît, d'après l'endroit où elle a été trouvée, se plaire sur les fonds sablonneux.

En cherchant à tirer de l'ensemble de faits que nous venons d'exposer une considération générale pour les espèces étudiées, nous croyons digne de remarque que la structure extérieure des animaux est en rapport avec le fond qu'ils habitent. Les *Ophioglypha*, vivant sur des endroits rocheux près des côtes, ont des bras dépourvus de piquants, très rudes et munis seulement d'écailles ; leur coloration n'est pas vive, elle varie peu entre le blanc et le gris rougeâtre. Au contraire, les *Ophiothrix* citées, l'*Ophiocoma*, l'*Ophiopsila*, les *Amphiura*, qui toutes habitent sur les fonds de sable, possèdent des bras extrèmement flexibles et sont pourvues de longs piquants.

Pour ceux qui entreprennent des études et veulent conserver dans les aquariums pendant quelques jours leurs animaux vivants, nous signalons un fait qui pourra aussi avoir sa valeur.

D'après l'exposé, on peut, comme il nous est arrivé à nous-même, croire que l'*Ophiothrix versicolor*, qui vit si près de la côte et qui souvent à cause des marées manque absolument d'eau, est l'espèce qui est la plus facile à conserver vivante pendant longtemps. Au contraire, nous avons acquis la preuve, après plusieurs tentatives malheureuses, que c'est l'espèce qui meurt le plus facilement. L'*Ophiocoma nigra*, habitant la mer profonde, vit le plus longtemps ; nous avons pu conserver quelquefois plus de trois semaines une vingtaine d'exemplaires. Ces animaux, ne trouvant pas un sol mobile pour pouvoir enfoncer leurs piquants et s'avancer, finissent par les perdre entièrement. Ainsi dénudés, ils vivent encore pendant quelques jours et enfin meurent.

C'est en parlant du tube digestif que nous aurons l'occasion de signaler la cause principale de leur mort.

II. TÉGUMENTS. — SQUELETTE.

Nous essayerons, dans ce chapitre, de résumer autant qu'il nous sera possible les longues descriptions faites par les différents auteurs sur ces parties.

C'est surtout sur les parties solides que plusieurs auteurs se sont longuement arrêtés, en cherchant à trouver les éléments de la comparaison morphologique.

M. Gaudry, dans son mémoire sur les pièces solides chez les Stellérides[1], a donné après une étude minutieuse une description exacte de ces parties. Il a divisé (p. 356) l'ensemble des pièces solides en trois systèmes : *interne, intermédiaire* et *superficielle*.

---

[1] *Annales des sciences naturelles*, 3ᵉ série, t. VI, 1851, p. 339-378.

M. H. Simroth[1] considère toutes les parties traversées par une ou plusieurs branches du système aquifère, qui se dirigent vers les tentacules, comme formant le squelette *interne ;* le reste forme le squelette *externe.*

Quand on veut étudier les parties solides seulement, sans rechercher les rapports anatomiques, la division établie par M. Gaudry est excellente ; mais, d'autre part, celle de M. Simroth ne manque pas d'avoir une grande valeur. Nous admettrons donc sa manière de voir.

Nous renvoyons aux nombreuses figures données dans les mémoires cités pour les explications qui vont suivre.

Le système interne est formé, chez les Ophiures, de petites plaques calcaires ayant une forme discoïde. Chaque disque s'articule avec son voisin au moyen de cavités glénoïdes et de condyles. Chaque ossicule discoïde, comme nous les appellerons toujours (en évitant le nom de *vertèbres,* souvent employé par les auteurs), offre à sa partie supérieure une rainure, qui se prolonge dans sa partie médiane jusqu'au point de son articulation avec ses voisins. En dehors des points d'articulation ils laissent entre eux des intervalles occupés par le tissu musculaire.

L. Agassiz, dans une note insérée dans les Mémoires de la Société d'histoire naturelle de Neufchâtel en 1839, parlant de l'organisation des Euryales, compare l'ensemble des ossicules discoïdes qui remplissent l'intérieur des bras à une pile électrique de Volta :

Les disques calcaires représentant les disques métalliques, et le tissu musculaire, les rondelles de drap mouillé.

Chaque rayon d'Ophiuride renferme dans toute sa longueur un empilement de ces disques, qui viennent à se réunir vers le centre du corps, composant ainsi une rosette qui entoure la bouche. M. H. Ludwig[2] fait une longue description du squelette ; il fait cette remarque très exacte, que toutes ces pièces squelettiques du bras n'ont pas la forme discoïde dans toute sa longueur ; celles qui s'éloignent du centre du corps, c'est-à-dire de la rosette entourant la bouche, présentent une forme cylindrique. En général, nous pouvons dire ici que la forme primitive de ces pièces, comme nous avons eu l'occasion de l'observer chez les tout jeunes individus d'*Amphiura squa-*

[1] *Anatomie und Schizogonie der Ophiactis virens* Sars (*Zeitschr. f. wiss. Zool.,* Band XXVII, § 420).

[2] *Beiträge zur Anatomie der Ophiuren* (*Zeitschr. f. wiss. Zool.,* Band XXXIV, p. 348-357).

mata et d'*Ophiothrix versicolor*, est cylindrique ; c'est peu à peu, avec l'âge, que ces pièces deviennent discoïdes.

Nous avons vu les ossicules discoïdes en approchant du centre du disque former une rosette, qui est composée de cinq pièces fourchues ayant la forme d'un V, et qui forment aussi les angles de la bouche.

Ces cinq pièces, comme on peut le voir dans les figures des auteurs cités, en regardant une Ophiure du côté buccal, alternent avec les bras rayonnants, et par conséquent avec les ossicules discoïdes, qui forment la charpente de ceux-ci.

Chaque pièce fourchue forme un angle aigu à deux côtés égaux ; le sommet se trouve au centre de la bouche, où se trouvent les papilles dentaires ; les extrémités libres des côtés viennent s'appuyer sur les ossicules discoïdes situés à l'origine des bras.

L'ensemble de ces cinq pièces forme un cercle, qui, considéré par sa partie inférieure (l'animal vu la bouche en haut), est situé à un niveau un peu moins élevé que le cercle limité par les cinq pièces discoïdes.

C'est à la limite de ces deux cercles qu'est situé le système nerveux.

On admet que ces pièces fourchues sont formées par la division d'un ossicule discoïde sur la ligne médiane, et la déviation de chacune des deux moitiés, jusqu'à la rencontre de la moitié correspondante du disque voisin à laquelle elle se soude.

De cette manière il faudrait admettre que chaque ossicule discoïde doit être composé naturellement des deux parties, intimement soudées dans la longueur du bras, mais qui se dévient à l'approche du centre.

C'est l'idée généralement admise par tous les auteurs.

Pour nous, sans discuter cette opinion, nous pouvons affirmer que nous n'avons jamais pu, malgré l'immense quantité de jeunes Ophiures que nous avons eues à notre disposition pendant notre séjour à Port-Vendres, voir une telle séparation. D'autre part, nous citons ici ce fait, dont souvent nous avons été témoin, que les pièces fourchues se développent chez la jeune Ophiure avant l'apparition des ossicules discoïdes.

A l'appui de notre opinion, qui consiste à considérer ces pièces fourchues comme une formation indépendante des ossicules discoïdes, nous pouvons citer la juste observation de M. T. Lyman. [1] « On

---

[1] *Ophiuridæ and Astrophytidæ new and old* (*Bulletin of the Museum of Comparative Zoology*, Cambridge, vol. III, n° 10, p. 234.

croit, dit-il, généralement que ces pièces ne représentent qu'un disque modifié ; mais il doit y avoir évidemment deux disques modifiés dans chacune de ces branches, puisque nous trouvons deux pores tentaculaires, tandis que dans aucune Ophiure ou Euryale nous ne trouvons plus d'un tentacule de chaque côté à chacune des articulations. »

Ce pièces fourchues ou anguleuses portent à leur extrémité intérieure une plaque qui porte les dents ; cette pièce est considérée par J. Müller [1] comme appartenant au squelette, et il la nomme *Torus angularis*. Depuis, M. Lyman a démontré que cette pièce appartient au système tégumentaire.

L'ensemble de ces cinq pièces forme la bouche de l'animal. M. Viguier [2], dans son mémoire où il étudie avec beaucoup d'attention et d'exactitude la bouche des Stellérides, parle peu de la bouche des Ophiures, mais ses observations et ses considérations portent sur la signification des *plaques osseuses péristomiales* de Müller, qu'il compare à l'odontophore décrit par lui chez les Astéries.

Telle est, dans l'ensemble, en abrégeant autant qu'il est possible, la disposition du squelette interne.

Il s'agit à présent de trouver, d'après les dénominations usitées chez les Echinodermes, à quoi correspondent les ossicules discoïdes. Pour Meckel [3], les ossicules discoïdes sont les analogues des pièces ambulacraires des Astéries.

M. Gaudry [4] n'admet pas cette manière de voir ; il exprime en ces termes son opinion : « Soumise en général à la loi d'imitation, la nature ne lui est cependant point invinciblement attachée ; les bras des Ophiures et des Euryalides ayant une longueur disproportionnée à leur largeur et par là même étant plus fragiles, ils ont été pourvus des pièces spéciales qui peuvent manquer absolument dans les Astéries. »

Pourtant l'opinion de Meckel est aujourd'hui généralement admise. Les ossicules discoïdes sont considérés comme composés de deux parties intimement soudées entre elles, et par conséquent représentant les pièces ambulacraires. Les pièces interambulcraires sont

---

[1] *Ueber den Bau der Echinodermen* (*Abhandl. der Konigl. Ak. der Wiss. zu Berlin*, pl. VII, fig. 2-5, 1853).

[2] *Archiv. de zool. expérim.*, t. VII, p. 87.

[3] *System der vergleichende Anatomie*, 1828.

[4] *Loc. cit.*, p. 359.

alors représentées par la partie de la pièce fourchue qui ne porte pas de tentacules et qui est attachée à la plaque mâchoire portant les papilles dentaires.

Pour M. Ludwig, le squelette buccal est composé des deux paires de pièces ambulacraires : les pièces adambulacraires (ou intcrambulacraires) et les pièces subambulacraires ; par conséquent, le premier ossicule discoïde qui vient après la bouche est par son rang le troisième.

Nous bornerons à cet exposé rapide notre description du squelette interne, n'ayant rien de nouveau à ajouter. Pour la description détaillée des ossicules, nous y reviendrons quand nous traiterons de la circulation de ces animaux.

Arrivons au squelette *externe,* qui est représenté par toutes les autres parties en dehors de celles déjà décrites. C'est l'ensemble du système tégumentaire qui enveloppe le squelette *interne,* et en même temps les organes de l'animal.

Ce squelette, par sa composition, est représenté par une partie calcaire, et par des portions fibreuses.

La partie calcaire est composée de pièces ayant la forme de plaques de différentes dimensions ; c'est autour des bras et du disque que nous trouvons cette disposition. Autour des bras nous trouvons les ossicules discoïdes enveloppés de tous côtés par des plaques calcaires appelées, d'après leur disposition, *dorsales, latérales* et *ventrales.* Les plaques ne sont pas complètement soudées avec l'ossicule discoïde ; elles sont, au contraire, séparées de lui par un espace occupé par du tissu conjonctif ; elles sont soudées entre elles au moyen du même tissu et forment ainsi un canal au milieu duquel passent les ossicules discoïdes. Autour des plaques et plus en dehors se trouve l'enveloppe générale du corps. Les bras de l'Ophiure sont donc complètement remplis par les pièces solides, et aucun prolongement du tube digestif ne s'y rencontre. Les plaques latérales portent les piquants et les écailles tentaculaires, les autres plaques portent quelquefois de petits tubercules. Le disque, à son intérieur, est quelquefois, suivant les genres, pourvu de plaques dorsales et traversé par des bandes qui portent des piquants. Le disque, regardé par sa face supérieure, c'est-à-dire du côté buccal (dans la position où nous supposons l'animal), présente cinq plaques reposant sur les pièces fourchues, que nous avons mentionnées à propos du squelette interne. La forme de ces plaques varie suivant les genres et les espèces. C'est sur une d'elles qu'est située la plaque madréporique, sur laquelle nous aurons l'occasion de revenir à propos du système aquifère.

En regardant toujours du même côté, nous apercevons dix fentes situées par paires à côté de chaque bras, quelquefois même chaque fente est divisée en deux par la soudure de ses deux lèvres au niveau de la partie moyenne. Ces fentes sont intérieurement soutenues par une longue pièce calcaire.

Nous arrêtons ici la description du squelette. Plus d'une fois nous aurons l'occasion de revenir sur certains points.

Pour la partie *musculaire*, nous nous contenterons de dire que les intervalles des ossicules discoïdes, comme ceux qui existent entre les pièces fourchues, sont occupés par du tissu musculaire, servant à l'ouverture et à la fermeture de la bouche. Du reste, toutes les cavités de l'animal sont traversées par du tissu conjonctif qui, chez les Echinodermes, se présente toujours sous la forme d'un tissu hyalin parsemé de granulations.

C'est au système musculaire aussi qu'appartient une double membrane qui tapisse le cercle dentaire depuis l'ouverture de la bouche jusqu'à la muraille des ossicules.

Je reviendrai sur ce point à propos des rapports de ces membranes avec le système nerveux, pour indiquer leur disposition. Elles paraissent, à l'état frais, formées de tissu conjonctif rempli d'une matière jaunâtre. Traité par l'acide chromique, ce tissu montre des fibres circulaires.

III. TUBE DIGESTIF. — NUTRITION.

L'ensemble des organes, chez les Ophiures, est logé dans le disque de l'animal; dans les bras nous ne rencontrons que les prolongements des systèmes circulatoire et nerveux.

Cet appareil est composé de la bouche, de l'œsophage et de l'intestin.

a. Bouche. — L'armature buccale, sauf quelques petits détails suivant les genres, est composée de papilles dentaires fixées horizontalement sur la plaque mâchoire, que nous avons vue exister à l'extrémité des pièces fourchues. C'est par les muscles existant entre ces pièces que le mouvement de la mastication s'effectue. En plongeant un instrument dans l'ouverture buccale d'une Ophiure, on voit que l'animal peut à volonté rapprocher toutes les papilles et fermer complètement la bouche. Mais, quelquefois, on voit que les papilles inférieures avoisinant l'œsophage sont seules rapprochées les unes des autres ; il résulte de cela que l'ouverture prend la forme d'un cône dont le sommet est en bas, et la base vers l'observateur. Le phénomène est une preuve assez convaincante que les muscles de l'armature buccale sont divisés en un cercle supérieur et un inférieur, qui agissent quelquefois simultanément, quelquefois au contraire séparément. Cette expérience réussit très bien chez les *Ophiothrix rosula* et *versicolor*, où la bouche est excessivement serrée.

b. Œsophage. — Tous les auteurs prétendent qu'après le bouche commence directement l'intestin : il est vrai que, chez les animaux conservés dans les liquides, on ne voit pas trace d'œsophage ; pourtant, en regardant une *Ophiura lacertosa* vivante ou une *Ophiocoma nigra*, on aperçoit, faisant saillie entre les papilles dentaires, un petit œsophage : l'intestin, qui vient à la suite, étant fixé sur le plancher inférieur de l'armature buccale, juste à l'endroit où se détache l'œsophage, et au même point commencent les deux membranes musculaires dont nous avons parlé plus haut.

Cet œsophage (pl. IX, fig. 1, *œ*) a la forme d'un entonnoir dont la grande ouverture est représentée par son point d'attache sur l'intestin. Sa coloration extérieure est blanchâtre ; des brides longitudinales le tapissent à l'intérieur ; sa structure histologique est semblable à celle de l'intestin, dont nous parlerons tout à l'heure. Coupé et porté immédiatement sous le microscope dans une goutte d'eau, il se montre garni, dans sa paroi interne, de cils vibratiles.

Cet œsophage s'ouvre et se ferme à la volonté de l'animal, ce qui nous a fait penser à l'existence d'un sphincter. Nos recherches sur les Ophiures vivantes sont restées infructueuses, mais en traitant les animaux par l'acide azotique, nous avons pu séparer entièrement un véritable sphincter musculaire, situé précisément à l'endroit où l'intestin fait suite à l'œsophage. Ce sphincter est complètement formé des fibres de tissu musculaire qui en font tout le tour.

c. Intestin. — L'intestin fait suite à l'œsophage, fixé, comme nous venons de le dire, sur le plancher inférieur de l'armature buccale ; il a une forme complètement circulaire chez l'*Amphiura squamata*, étoilée chez les autres espèces : *Ophioglypha lacertosa* et *albida*, *Ophiocoma nigra*, *Ophiothrix rosula* et *versicolor*, *Amphiura filiformis*. C'est un sac à dix rayons (pl. VII, fig. 2, *e*), cinq plus longs et cinq autres plus courts alternant entre eux. En face de l'intervalle de deux bras un long rayon, et en face de chaque bras un court. Telle est la forme générale.

Il est toujours très difficile, chez les animaux à tissus très mous, de bien séparer le tube digestif de la paroi extérieure du corps, et surtout chez les animaux bien vivants. Le meilleur moyen est toujours de s'adresser à des animaux à parois très dures et qui viennent de mourir dans l'eau de mer. Les vivants se contractent de telle manière, qu'il est difficile de pouvoir séparer la paroi extérieure sans enlever en même temps le tube digestif lui-même. D'autre part, c'est le même fait qui se présente chez les animaux conservés.

Après une bonne dissection de son côté dorsal, le tube digestif se présente sous l'aspect toujours étoilé, mais en même temps on voit (pl. VII, fig. 2. *cc*) que chaque rayon est parcouru par une bande saillante qui se ramifie dans toute sa longueur ; la couleur de ces ramifications est blanchâtre, tandis que celle du tube digestif est plus foncée, plutôt brune. On croirait, à cette vue, avoir sous les yeux le tube digestif d'une *Asterina gibbosa*, sur lequel les cæcums, au lieu d'être libres, forment corps avec la paroi intestinale.

Au milieu de toutes ces branches rayonnantes se dessine un espace rond qui représente l'endroit où devrait être l'*anus*, qui manque chez les Ophiures.

Peut-on considérer cette disposition, que nous sommes les premiers à mentionner chez les Ophiures, comme un appareil glandulaire annexé à la paroi intestinale ? C'est dans la partie histologique que nous reviendrons sur cette idée, mais nous pouvons ajouter ici que cette disposition est toujours facile à distinguer chez les individus adultes ; chez les jeunes Ophiures, c'est à peine si ces ramifications sont indiquées. D'autre part, c'est toujours du côté dorsal qu'elles existent ; du côté ventral, les glandes génitales composées d'utricules venant se poser sur la paroi du tube digestif, traduisent intérieurement quelque disposition analogue, mais si l'on enlève bien cette partie on n'aperçoit pas cette bande saillante médiane, sur laquelle se ramifient les autres petites bandes. Tels sont la forme et l'aspect extérieurs de l'intestin.

Pour ses rapports avec les autres organes, étant donné, qu'il occupe presque la totalité du disque, il est facile de les comprendre. Ses longs rayons viennent s'enfoncer entre les sacs respiratoires, tandis que les courts, un peu plus soulevés que les autres, aboutissent juste en face des bras : c'est par un ensemble de tractus fibreux que le tout est maintenu en place.

Vu par sa partie intérieure (pl. VII, fig. 3, *ps*), en enlevant sa moitié inférieure et dorsale, le tube digestif présente une série de plis horizontaux. Ces plis forment par leur ensemble cinq régions rayonnantes au lieu de dix. La partie inférieure, examinée à part, présente à son milieu un espace entièrement plan d'où rayonnent ces plis; dans la partie supérieure, cet espace correspond exactement à la bouche, et c'est sur cette partie que les plis commencent.

Quand on découvre l'intestin d'un animal vivant, on voit que les sillons entre les plis présentent des reflets bleus très brillants. Sous le microscope, ces reflets se traduisent par une série de lignes moins foncées que le reste du lambeau enlevé réfractant fortement la lumière.

Ainsi l'intestin prend l'apparence d'un tissu traversé par des lignes qui se croisent. Il est à noter ici que sur un animal mort dans l'eau douce ces reflets disparaissent, et une matière brune ayant l'aspect d'une poussière fine se détache, colorant fortement le milieu dans lequel on dissèque habituellement. Le même phénomène a lieu quand on met un animal dans l'alcool ; après un temps qui varie d'une demi-heure à deux heures, l'alcool devient complètement brun, et l'on est obligé de le changer. C'est donc une matière colorante existant sur la surface intérieure du tube digestif qui s'enlève après la mort de l'animal ; la disparition de cette matière amène aussi la disparition de reflets.

L'intérieur du tube digestif est garni de cils vibratiles, dont il est facile de reconnaître l'existence.

Examiné sous tous ses rapports, ce tube digestif est ici extrêmement simple ; il ne présente aucune trace de mésentère, aucun organe glandulaire libre ou dépendant de lui.

HISTOLOGIE.

Pour reconnaître la structure histologique de l'appareil digestif, il est nécessaire d'en faire des coupes, car le simple examen microscopique serait insuffisant. Nous avons essayé par les deux méthodes de compléter et de donner un ensemble qui, nous croyons, rend exactement les choses comme elles sont.

Historique. — Avant d'aller plus loin il faut citer ici les opinions

des autres auteurs. M. Teuscher [1] dit que la structure du tube digestif des Ophiures rappelle celle des Comatules. Du côté dorsal il est
difficile de le séparer de la paroi du corps et est limité par un tissu
hyalin rempli de spicules calcaires ; à cette couche fait suite la paroi
propre stomacale traversée par des fibres perpendiculaires. Les intervalles qui les séparent sont remplis de petites cellules. Vers la
partie qui avoisine la couche hyaline, on aperçoit çà et là des masses
claires, disposées en trois ou plusieurs rangées superposées : je les
nomme cellules, bien que je n'aie pu apercevoir de noyau. M. Simroth [2], de son côté considère le tube digestif comme composé de
trois couches, un *mésentère externe, une couche épithéliale* et entre les
deux du *tissu conjonctif.* L'épithélium est formé de cellules cylindriques longues dont les noyaux sont bien visibles après coloration
par le picrocarminate ; la couche externe appartient à la cavité générale du corps ; c'est cette couche qui entoure comme une membrane
fine tous les organes. M. Ludwig [3] est très succinct sur ce rapport :
il dit que la surface stomacale est revêtue d'un épithélium à cellules
allongées. L'intestin est fixé à la paroi du corps par des filaments et
des cordons de tissu conjonctif.

Nous connaissons ainsi ce que les autres ont vu dans la structure
du tube digestif ; exposons maintenant ce que nous-même avons
aperçu sur ces différents points.

D'abord le tube digestif, comme nous l'avons déjà dit, malgré ses
insertions sur la paroi du corps, est facile à détacher et à isoler en
coupant avec attention au fur et à mesure, avec la pointe d'un scalpel, les fibres qu'on rencontre. Il y a donc une paroi externe propre
et elle est complètement dépourvue de pièces calcaires. Le tube enlevé de cette façon, fixé par l'acide osmique et transféré dans l'alcool
absolu, peut être coupé et examiné dans sa totalité, sauf la couche
interne, qui n'est visible qu'à l'état frais ; en vain nous avons essayé
divers modes de conservation. Ainsi, de dedans en dehors, nous rencontrons quatre couches : 1° la couche épithéliale interne, 2° une
couche à coloration brune, 3° une couche cellulaire, 4° une couche
externe conjonctive.

[1] *Beiträge*, etc *Ophiuridæ* (*Jenaisch. Zeitschr.*, Bd. X, Taf. VIII, fig. 14, p. 276-
277).

[2] *Anatomie und Schizogonie der Ophiactis virens* Sars (*Zeitschr. f. wiss. Zool.*
Bd. XXVII, p. 449).

[3] *Neue Beiträge zur Anatomie der Ophiuren* (*Zeitschr. f. wiss. Zool.*, XXXIV, t. II,
p. 534).

1° *Couche épithéliale interne.* — Comme nous l'avons dit cette couche est facile à voir à l'état frais ; enlever un lambeau de l'intestin et le soumettre à l'observation microscopique suffit pour montrer la paroi interne composée d'une couche de cellules cylindriques extrêmement serrées entre elles. En même temps on distingue le jeu des cils. Chez les animaux conservés comme d'habitude dans l'alcool, cette couche à cils vibratiles forme une masse brunâtre, qui, au premier coup de scalpel, si l'on dissèque ces animaux sous l'eau, se détache en colorant le liquide ambiant ; c'est cette couche en se pliant qui donne l'aspect intérieur que nous avons décrit plus haut.

2° *Couche brune.* — Les deux tiers presque de l'épaisseur de la paroi intestinale sont composés par cette couche, fortement colorée en brun. A l'état frais, une coupe faite dans la moelle du sureau et observée dans l'eau de mer même présente cette couche comme un amas de pigment brun. Sur les échantillons fixés par l'acide osmique et traités par l'alcool absolu, les coupes présentent cette couche qui résiste à la coloration par le picrocarminate conservant toujours sa couleur brune ; c'est par l'acide azotique que nous avons pu avoir quelques éclaircissements. Ce réactif paraît agir sur la couche pigmentaire, au moins la rend-il plus claire et dissémine-t-il le pigment ; cette couche paraît donc être composée de fibres longitudinales par rapport à l'axe de l'intestin, fibres extrêmement minces. Dans notre dessin (pl. VII, fig. 1, a' ; b' ; c' ; d'), nous avons figuré aussi la couche interne d'après d'autres observations pour donner une idée d'ensemble, bien qu'elle ait disparu sur les coupes des objets durcis. Cette couche dans la figure paraît être limitée par la couche épithéliale interne et par la couche cellulaire. Sur les points pourtant où cette seconde couche manque, la couche brune arrive jusqu'à la couche externe. Nous croyons, d'après la constitution que nous venons de décrire, que cette couche représente l'élément musculaire dans le tube digestif ; c'est à elle qu'est dévolu le rôle de rapprocher l'une de l'autre les parois inférieure et supérieure de l'intestin.

3° *Couche cellulaire.* — C'est cette couche qui a été certainement décrite par M. Teuscher, mais que la mauvaise conservation de ses échantillons ne lui a pas permis d'observer avec suffisamment de détails. Nous lui rendons ce qui lui est dû. Sur nos préparations, cette couche (pl. VII, fig. 1, c') apparaît comme composée de plusieurs assises cellulaires, disposées sur plusieurs plans ; les formes cellulaires sont extrêmement nettes et leur noyau très bien coloré par le picrocarminate. Dans toutes les préparations, cette couche est, du reste, la seule de l'intestin qui se colore.

Les cellules ont une forme ovalaire allongée, leurs contours sont nets (pl. VII, fig. 4), leur noyau, coloré plus fortement, a la même forme allongée; cette couche cellulaire n'est pas continue et M. Teuscher a remarqué la même disposition. C'est surtout sur les coupes qui, par le fait du hasard, ont passé précisément sur un des renflements que nous avons aperçu du côté dorsal de l'animal, que cette couche se montre avec son plus grand développement, limitée extérieurement par la couche que nous allons décrire et intérieurement par la couche brune. Aux endroits où cette couche existe isolée, elle se présente sous la forme d'un amas cellulaire, composé de plusieurs cellules accumulées et intercalées entre le tissu musculaire.

Cette dernière disposition, et, d'autre part, l'existence de cette couche aux endroits qui donnent à l'extérieur cet aspect de cæcums, nous fait croire que cette couche remplit un rôle glandulaire dans la paroi intestinale. Pour se prononcer certainement, sans contestation, sur ce point, il faut en établir le rôle physiologique. Mais, d'autre part, il y a à se demander comment ces animaux digèrent les aliments, et d'où provient cette matière brunâtre qu'on voit quand on fait mourir un animal dans l'eau douce ou quand on le plonge dans l'alcool. Comment ne pas considérer cette couche comme remplissant un rôle glandulaire chez des animaux dépourvus d'autres organes propres à cette fonction ?

4° *Couche externe*. — Nous retrouverons dans tout l'organisme cet épithélium externe qui sert d'enveloppe. C'est comme une couche complètement diaphane, remplie de granulations, qui se colorent en un beau rouge par le carmin. Dans cette couche nous avons toujours trouvé, chez l'*Ophioglypha lacertosa*, disposés avec ordre, une forme particulière de spicules, dont nous donnons un dessin (pl. VII, fig. 5). Cette couche extérieure est bien limitée non seulement du côté de la cavité générale, mais aussi du côté des sacs respiratoires, que nous décrirons à leur place et qui se trouvent presque en contact avec cette couche. L'intestin ne reçoit aucun nerf ni aucun vaisseau, ou du moins on n'en voit sur sa paroi aucune trace.

Arrivons maintenant à la nutrition de ces animaux. Nous sommes obligés de recourir au raisonnement, parce que nous manquons d'observations sur ce sujet.

Malgré l'abondance d'Ophiures que nous avons eues à notre disposition, jamais nous n'avons rien trouvé à l'intérieur de leur tube. digestif. Les pêcheurs de Roscoff, pourtant, m'ont affirmé plusieurs fois que si par un malheureux hasard ils venaient jeter leurs lignes, pour la pêche des Congres, sur un banc d'Ophiures, leurs amorces étaient vite dévorées. Quelquefois même ils ont apporté au laboratoire des Ophiures, surtout l'*Ophiocoma nigra,* qui tenaient encore entre les dents un morceau de bras de Poulpe. Il se peut que ces animaux, quand ils rencontrent à l'occasion des poissons morts ou des Poulpes, les mangent ; mais cela ne doit pas être leur nourriture habituelle. Nous inclinons plutôt à croire à une nourriture végétale.

Toujours quand nous avons essayé, dans les aquariums, de leur faire ingérer quelque aliment, poissons coupés ou bras de Poulpes, nous n'avons pu y arriver. On les voit mourir et d'une manière particulière. Ce sont surtout ces *Ophiocoma nigra* qui peuvent être gardées plusieurs jours qui nous ont offert ce spectacle.

Par sa position naturelle, nous avons dit que l'animal a la bouche en bas, c'est la partie dorsale qui s'offre au spectateur. Huit ou dix jours après leur séjour dans les cuvettes, on aperçoit, juste au milieu du dos, une ouverture. L'animal continue à vivre et à respirer en même temps.

Ce trou est provenu d'un coup de dent que l'animal lui-même se donne à cet endroit. Le tube digestif, étant complètement vide, cède au poids de la paroi dorsale et son milieu vient à tomber entre les dents, et l'animal, croyant peut-être à la présence d'un aliment, mord son estomac et en enlève un morceau. Ce trou continue à s'agrandir et l'animal finit par mourir.

Il serait possible aussi que lorsque l'animal s'affaiblît aux approches de sa mort, que ses tissus, devenus incapables de résister à l'action dissolvante des sucs digestifs, fussent digérés et perforés par places. C'est une nouvelle preuve que l'estomac est pourvu d'organes glandulaires sécrétant des sucs digestifs.

IV. CIRCULATION.

A. — *Appareil aquifère.*

On a prétendu avec raison que la partie la plus difficile de l'étude des Echinodermes est sans contredit celle de la circulation. Plusieurs fois nous avons eu des moments de découragement en voyant les difficultés sans nombre qui se présentaient.

Comment le liquide nourricier se met-il en rapport avec l'ensemble des organes ? Quelle est la disposition des vaisseaux ?

Pendant notre premier séjour de deux mois à Roscoff, nous nous sommes attaché exclusivement à ce sujet.

Malgré de longs et patients efforts nous avons été contraint de quitter la station, vu la saison avancée, sans avoir pu arriver à des faits précis. C'est à ce moment que nous avons reçu le dernier mémoire de M. Ludwig. Avec une nouvelle ardeur nous avons repris le travail, et pour pouvoir faire nos recherches sur des animaux vivants, suivant le conseil de M. H. de Lacaze-Duthiers, nous sommes allé à Port-Vendres. Les Echinodermes étant abondants aux environs de cette ville, nous avons eu beaucoup d'animaux à notre disposition.

Nous sommes absolument persuadé que ni par des coupes ni par les méthodes de coloration des tissus vasculaires, obtenus avec des réactifs spéciaux, on n'arrive à trouver et à décrire un appareil circulatoire.

Nous ne voyons qu'un seul moyen. L'injection directe.

La différence donc de notre description de l'appareil circulatoire consiste dans ce fait, que tout ce que nous exposons ici est le résultat d'injections souvent répétées. Mais il faut aussi déclarer que nous ne nous sommes pas seulement et exclusivement arrêté à cette méthode. Les coupes ont été mises à contribution, comme on le verra plus bas, pour confirmer les résultats ainsi obtenus.

Historique. — Avant d'aller plus loin et de décrire les moyens employés par nous, décrivons ceux des autres.

M. Simroth, étudiant une espèce exotique, ne s'est servi que de coupes ; ses résultats sont médiocres, vu l'insuffisance du seul moyen qu'il ait employé. M. R. Teuscher[1] consacre la première page de son mémoire sur les Ophiures à une description des procédés employés par lui pour cette étude ; nous citerons ici ce long passage : « Il est difficile d'avoir dans une seule *coupe* toutes les parties des Ophiures. Pour éviter cet inconvénient, j'employais la méthode suivante. Les animaux, après avoir été mis dans l'alcool ordinaire et après dans l'alcool absolu pour enlever toute l'eau, étaient débités en morceaux de moyenne grandeur, puis mis dans une solution de résine. De toutes les solutions essayées, la meilleure est celle appelée *léger copal* dissous dans l'éther ou le chloroforme. Les morceaux, après être

---

[1] *Loc. cit.*, p. 263.

restés vingt-quatre heures dans cette solution, étaient couverts d'un vernis, enlevés de la solution, puis exposés à une température moyenne jusqu'à ce que le vernis ne soit plus collant ; graduellement ils devenaient secs et fragiles.

« Les morceaux étaient traités après de la même manière que les pièces dures, en les polissant sur une pierre. De cette manière j'ai obtenu des résultats tellement satisfaisants, que non seulement les parties squelettiques, mais aussi quelques parties histologiques, comme les épithéliums, même le tissu nerveux, étaient parfaitement reconnaissables dans les préparations. »

Description. — Nous avons dit qu'il n'existe pas une grande différence d'organisation entre les différents genres d'Ophiures. Nous ne parlons que des genres d'Ophiures, n'ayant jamais eu qu'une seule espèce dans chaque genre, excepté dans les *Ophioglypha* et les *Amphiura*.

Si nous regardons une *Ophiothrix versicolor* du côté buccal, nous voyons une des cinq pièces buccales munie d'un petit tubercule ; le même fait se présente chez l'*Ophiocoma nigra* et chez les *Amphiura filiformis* et *squamata*. Chez les *Ophioglypha*, au milieu d'une des plaques on aperçoit une tache noire. Cette plaque, différente des quatre autres, est la *plaque madréporique;* c'est à elle qu'aboutit le *canal aquifère*, bien connu chez les Echinodermes.

Extérieurement donc il est facile de reconnaître la plaque madréporique.

La saillie qu'elle forme n'est pas due exclusivement à son épaisseur, mais surtout à ce qu'elle est soulevée par la plaque buccale correspondante qui a chevauché sur elle. L'examen de cette partie supérieure montre qu'elle n'est pas criblée des trous qui caractérisent généralement les plaques madréporiques; c'est au-dessous que se trouve une mince plaque perforée qui est la vraie plaque madréporique. Chez l'*Ophiocoma nigra* on voit quelquefois la plaque buccale rejetée un peu de côté. Chez les *Ophioglypha* ce fait n'a pu être aperçu. Là c'est une véritable plaque buccale qui remplit le rôle de plaque madréporique.

M. Ludwig [1] décrit le pore du canal aquifère. Le type qui lui a servi est l'*Ophioglypha albida* et *Sarsii*. La plaque madréporique, d'après lui, loge dans son intérieur un canal appelé le *canal du pore*

____
[1] *Loc. cit.*, p. 335-336, pl. XIV, fig. 1, 2 et 3.

par J. Müller[1], qui dit que le pore se trouve constamment du côté gauche de la plaque buccale, par rapport à l'observateur, en supposant que ce dernier regarde cette plaque en face.

A ce pore commence la portion externe du canal qui, chez l'*Ophioglypha albida,* pénètre dans la pièce buccale, à angle droit, puis jusqu'au milieu de son parcours suit le même chemin. Le canal n'est pas de la même largeur dans toute son étendue ; il est intérieurement revêtu d'un épithélium à cellules allongées, et porte des cils vibratiles. Chez les animaux adultes il est plus compliqué ; il se courbe et offre des excavations. Au-dessous de lui (il considère l'animal dans sa position naturelle) se trouvent deux organes importants : l'un, c'est le plexus central (*Herzgeflecht*), et l'autre, le canal pierreux.

Ce canal seul, pour l'auteur, doit communiquer avec le canal pierreux, mais il n'a pu voir la communication[2].

C'est par l'injection que nous décrirons tout à l'heure que nous prouverons que ce canal (qui chez les *Ophioglypha* existe dans la plaque madréporique, décrit des sinuosités et se dilate en ampoule), a ici une disposition qui n'est pas générale chez les Ophiures. Chez les *Ophiocoma* le canal aquifère vient aboutir directement à l'extérieur, par un pore unique sans canal. Le canal du pore suit directement le canal aquifère, dont il n'est qu'un prolongement qui se rencontre chez les individus adultes. Chez les *Ophiothrix,* les choses ont lieu comme chez l'*Ophiocoma nigra ;* les *Amphiura filiformis* et *squamata* présentent quelque chose d'analogue avec les *Ophioglypha.*

Si nous disséquons dans l'espace compris entre deux bras et limité en haut par la plaque madréporique, nous nous trouvons en présence d'un canal accolé sur les muscles, qui descendent vers la partie inférieure du disque. Le canal se présente à l'extérieur avec de légères différences. Chez l'*Ophiocoma nigra,* il est formé entièrement de mailles calcaires. Chez l'*Ophioglypha lacertosa,* le tissu est plus serré et imprégné de substances calcaires. Chez les *Ophiothrix,* il est assez mince et beaucoup plus membraneux que calcaire. J. Müller[3] considéra ce canal comme étant le canal aquifère. C'est à M. Simroth[4] que nous devons la description du véritable canal

---

[1] *Ueber die Gattungen der Steigelarven (Abhandlungen d. kgl. Acad. d. Wiss. zu Berlin aus den Jahre* 1854. Berlin, 1855, p. 33-34, pl. IX, fig. 2, et *loc. cit.,* du même auteur, p. 81-82).

[2] *Loc. cit.,* p.357.

[3] *Ueber den Bau der Echinodermen,* 1854, p. 81-82.

[4] *Loc. cit.,* p. 455.

aquifère ; seulement ce dernier, à cause du procédé de conservation de ses échantillons. comme il le dit lui-même, n'a pu suivre exactement le trajet de ce canal et voir ses communications.

Le canal, en raison de sa disposition, n'est qu'une enveloppe protectrice du canal aquifère et de la glande piriforme, souvent appelée *cœur*. Il faut donc étudier cette *enveloppe*, le *canal aquifère* et la *glande piriforme*.

Les rapports de l'enveloppe sont faciles à indiquer. Elle fait suite à la plaque madréporique, venant s'accoler sur le pore de cette plaque. En descendant elle se dilate pour loger dans son intérieur la *glande piriforme*. Quelquefois même elle s'arrête, et la glande flotte librement; tel est le cas chez l'*Ophioglypha lacertosa*.

Dans une injection poussée dans son intérieur et faite sur une espèce où ce canal est continu, le liquide s'arrête, ou bien se répand dans la cavité générale. M. Teuscher[1] dit qu'en injectant chez l'*Ophiothrix fragilis (versicolor)*, il a vu du liquide arriver jusqu'à l'anneau nerveux. Nos injections, faites sur les mêmes espèces et sur d'autres, ne nous ont jamais donné quelque résultat analogue. Cet auteur n'a pas non plus distingué, dans cette enveloppe, le véritable canal aquifère.

M. Ludwig[2] regarde les observations de M. Simroth comme bien faites et n'insiste pas davantage.

Sans chercher chez d'autres groupes, en ne s'adressant qu'aux Ophiures eux-mêmes, à quoi faut-il attribuer cette formation ? M. Teuscher[3] croit que cette enveloppe est une vésicule de Poli transformée.

Généralement la vésicule de Poli qui correspond à cet endroit manque, et une idée pareille paraît assez soutenable. Mais, d'autre part, cette enveloppe existe chez les Ophiures dépourvues de vésicules de Poli, comme cela arrive chez les *Ophiothrix versicolor;* quelquefois même (nous avons rencontré par trois fois la chose, deux fois chez les *Amphiura filiformis* et une chez l'*Ophioglypha lacertosa*), on trouve accolée sur cette enveloppe la vésicule de Poli qui y correspondait. Il faut donc considérer ces cas comme tératologiques, ou attribuer cette formation à une particularité propre à ces animaux.

---

[1] *Loc. cit.*, p. 272.
[2] *Loc. cit.*, p. 341.
[3] *Loc. cit.*, p. 270.

Comme nous le verrons dans la partie de notre travail consacrée au développement, à l'état embryonnaire le canal du sable existe seul, et c'est plus tard seulement que s'ajoute cette enveloppe protectrice.

Nous avons choisi, pour représenter une figure de cette enveloppe, l'*Ophiothrix rosula*, chez laquelle elle se présente dans son complet développement. Dans une des deux figures (pl. VIII, fig. 5 et 6) dessinées à un faible grossissement, on voit cette enveloppe un peu dilatée vers sa partie inférieure pour loger la glande piriforme. Dans la figure voisine, nous avons ouvert cette enveloppe, pour indiquer la disposition de son contenu. On y voit un canal tortueux (*ca*) qui descend pour s'unir à la portion voisine de l'anneau (pl. IX, fig. 7 et 8, *aa*) du système aquifère que nous étudierons dans le courant de ce chapitre. C'est par une injection poussée par ce canal que nous avons pu conclure que sa communication avec l'anneau inférieur est directe, et que sa direction n'est pas rectiligne. A côté de ce canal, on voit que la glande piriforme (*gp*) se prolonge et vient s'ouvrir à côté de lui.

Nous étudierons en détail la structure de cette glande. Sa communication directe avec l'extérieur est le fait important à signaler ici. Plusieurs rôles ont été attribués à cette glande ; ses rapports étaient toujours méconnus. Pourtant cet organe n'est pas d'une excessive petitesse, pour échapper à des observations même macroscopiques. Si l'on enlève l'enveloppe entière et si, après l'avoir fendue d'un coup de ciseaux dans toute sa longueur, on la soumet à l'examen, il est impossible de ne pas voir la communication directe de la glande piriforme avec l'extérieur. Un autre moyen, c'est de pousser à son intérieur une injection, opération infiniment plus facile à exécuter que d'injecter le canal aquifère, comme nous l'avons fait pour étudier ses communications ; aucun doute ne subsiste pour nous au sujet de cette communication directe avec l'extérieur. Son rôle ainsi se trouve considérablement simplifié, et dans un prochain chapitre nous étudierons de quelle manière le liquide nourricier circule dans l'intérieur de l'organisme.

En poussant une injection soit au *bleu soluble*, soit au *bichromate de plomb*, par le canal aquifère, nous voyons le liquide pénétrer dans un vaisseau annulaire faisant le tour de la bouche (pl. IX, fig. 6, *a, a*).

L'emplacement de cet anneau, connu sous le nom d'*anneau aquifère*, est facile à déterminer. Il est situé sur le bord du second cercle

28 NICOLAS CHRISTO-APOSTOLIDÈS.

limité par les premiers ossicules discoïdes des bras. Si nous admettons
la dénomination de M Ludwig, il se trouve au-dessous du troisième
ossicule discoïde.

C'est à Stephano delle Chiaje[1] qu'on doit attribuer la découverte
de cet anneau ; sur une figure de son mémoire cet anneau est parfaitement représenté, bien qu'il n'en fasse pas mention dans le
texte.

Si nous regardons à présent la portion de l'anneau située sous l'ossicule discoïde, nous voyons qu'en son milieu pénètre un prolongement médian. Deux autres prolongements (pl. IX, fig. 6 et 9, *m'*, *l'l'*)
s'avancent de chaque côté dans le même ossicule discoïde. Dans l'intervalle des bras, nous voyons des prolongements piriformes chez
l'*Amphiura filiformis*, ovalaires chez les *Ophioglypha albida* et *lacertosa*
(fig. 6, *vp*) et *Ophiocoma nigra*, conformés en massue chez l'*Ophiothrix rosula*. Ces prolongements en cæcum sont les vésicules de
Poli.

Si nous poursuivons les vaisseaux qui se prolongent dans le bras,
nous pouvons voir (pl. IX, fig. 4) que les deux prolongements latéraux se dirigent vers les tentacules buccaux, que celui du milieu
après s'être élevé de l'épaisseur de l'ossicule pour atteindre la plaque
ventrale qui se trouve au même niveau que la plaque madréporique,
se recourbe en devenant horizontal (pl. IX, fig. 4, *v*, *a*). Dès lors, il
poursuit sa marche dans l'espace creux existant entre la rainure ventrale de l'ossicule discoïde et les plaques ventrales jusqu'à l'extrémité du bras, donnant à l'intérieur de chaque ossicule discoïde deux
rameaux qui se rendent aux tentacules brachiaux. La même chose se
répète sur les autres bras.

Telle est, en quelques mots, la distribution bien connue de tous
les vaisseaux aquifères.

Nous avons dit que la forme de l'anneau est circulaire, c'est le cas
général ; il existe des cas où il n'en est pas ainsi : chez les *Ophiothrix*
c'est plutôt un décagone qu'un cercle.

L'appareil aquifère comprend quatre parties qu'il faut étudier successivement :

1° L'anneau et ses branches directes ; 2° les vaisseaux secondaires
de ces branches ; 3° leur distribution dans les tentacules ; 4° les tentacules eux-mêmes.

---

[1] *Memorie sulla storia e notomia degli animali senza vertebre de regno di Napoli*
1827, vol. II, pl. XXI, fig. 17.

1° L'anneau, comme situation, est au-dessous de l'ossicule discoïde et au-dessus du tube digestif; il donne, chez les animaux que
nous étudions, quinze branches directes : cinq aux bras et dix aux
tentacules.

M. Simroth[1] décrit d'autres branches directes, qui existeraient à
côté des vésicules de Poli. Nous croyons que les coupes l'ont induit
en erreur, les injections de l'appareil ne montrent rien de pareil. Le
calibre du vaisseau annulaire, pour le même auteur, serait égal à
celui des branches directes. Pour nous, nous avons toujours vu ces
branches latérales plus petites que la médiane, qui elle-même n'est
pas régulièrement cylindrique, mais est formée de renflements successifs.

Les vésicules de Poli sont en étroite connexion avec l'anneau aquifère, elles sont des annexes de celui-ci. Les vésicules ne sont pas au
même niveau que l'anneau lui-même, elles sont situées presque en
contact avec la face interne des plaques buccales. Elles sont retenues
en place au moyen de deux petites bandes musculaires qui s'attachent
aux angles de l'espace formé par le cercle buccal et les bras. Chez
l'*Ophioglypha lacertosa* et *albida*, on remarque encore quatre autres
bandes musculaires qui s'attachent sur la paroi des sacs respiratoires. Ces muscles n'existent pas chez les espèces dépourvues de vésicules de Poli, pourtant, à l'endroit où se trouve l'enveloppe protectrice du canal aquifère et de la glande piriforme, au point où elle se
dilate, on retrouve ces deux muscles.

Quant aux branches directes, les latérales remontent verticale-
ment dans les ailes de l'ossicule discoïde, en donnant chacune deux
ramifications : les deux supérieures vont aux tentacules buccaux inférieurs, et les deux inférieures, aux tentacules buccaux supérieurs.
Les tentacules buccaux sont les seuls qui soient desservis directement par l'anneau aquifère; les branches latérales se terminent aux
tentacules supérieurs, et leur tronc ne s'avance pas plus loin.

Cette particularité a échappé aux auteurs dont nous avons parlé,
l'injection la rend très facile à constater. Les vaisseaux qui se rendent aux tentacules se terminent en cul-de-sac à leur extrémité, et
ne présentent à leur base aucun renflement, en sorte qu'on peut
dire que le tentacule tout entier n'est autre chose qu'un simple vaisseau en cul-de-sac recouvert par une enveloppe tégumentaire.

---

[1] *Loc. cit.*, p. 461, pl. XXXIII, fig. 24.

Nous avons décrit la marche de la branche médiane, qui pourra être appelée *brachiale*.

Pour pouvoir étudier sa forme, le meilleur moyen est de l'isoler. En détruisant la substance calcaire par l'acide azotique employé dans la proportion de 5 pour 100, on peut séparer très bien le vaisseau brachial et le soumettre à l'examen. Sa forme n'est pas régulière, au contraire elle présente dans tout son parcours des rétrécissements, réguliers, correspondant exactement aux ossicules discoïdes (pl. X, fig. 7), en face du point où il donne naissance aux ramifications destinées aux tentacules. Il est rare de trouver des Ophiures ayant les bras complets ; dans ce dernier cas, l'extrémité ne présente pas de tentacules, le vaisseau se termine comme dans les tentacules buccaux, c'est-à-dire en cul-de-sac.

Chez certains Ophiures, comme les *Ophiothrix*, l'*Ophiocoma*, une seule ramification se détache de la partie dorsale du vaisseau, mais en arrivant au milieu de l'ossicule discoïde elle se divise en deux pour aller aux tentacules. MM. R. Teuscher[1] et Simroth[2], l'un chez l'*Ophiothrix fragilis* (*versicolor*), et l'autre chez l'*Ophiactis virens*, ont décrit avec beaucoup de détails cette distribution.

Maintenant que nous connaissons les rapports et la distribution de l'appareil aquifère, il reste à étudier sa *structure*, son *contenu* et son *rôle*.

Nous suivrons la même marche que celle qui nous a servi pour la description en commençant par le canal aquifère.

Il y a deux moyens d'étude. Le premier consiste à observer directement les animaux vivants dans les meilleures conditions, c'est-à-dire dans l'eau de mer même. Plusieurs conditions sont à remplir pour examiner les tissus d'un animal sans les altérer. La plus importante, c'est de les placer dans l'eau de mer, car l'eau douce ou les réactifs usuels font éclater les cellules et rendent la préparation inintelligible.

Combien de fois, après des observations précieuses, voulant conserver les préparations, pour les dessiner à d'autres moments, nous avons vu avec étonnement que tout était perdu ! Si nous n'avons pas beaucoup de travaux sur l'histologie des Echinodermes, la principale cause consiste dans ce fait.

---

[1] *Loc. cit.*, pl. VIII, fig. 4.
[2] *Loc. cit.*, pl. XXXV, fig. 40 et 41.

La presque totalité de nos observations ont été faites sur des sujets vivants ; c'est ainsi que nous avons pu voir les cils vibratiles du tube digestif et la couche à cellules cylindriques de son intérieur. Après cet examen nous avons pratiqué des coupes et nous avons fait agir des réactifs.

HISTOLOGIE.

Le canal aquifère chez les Ophiures, sauf une mince couche extérieure calcaire, qui quelquefois, comme chez l'*Ophiothrix rosula*, manque entièrement, présente la même structure que l'anneau aquifère lui-même. Son étude donc doit être faite en même temps que celle de ce dernier. M. Simroth[1], qui a bien distingué le canal aquifère, décrit bien sa structure intérieure, mais il n'a pas remarqué ses connexions.

On peut dire, pour l'anneau aquifère et ses branches, que, sauf la direction des fibres, qui sont circulaires chez le premier, leur structure générale est partout la même. Nous avons donc préféré faire une étude du vaisseau brachial, à cause de la commodité qu'on a à le séparer, et à l'étudier ainsi plus facilement. M. Teuscher[2] a complètement méconnu le vaisseau aquifère, en prenant la cavité qui existe dans la rainure brachiale et la bandelette, dont nous parlelerons plus tard, comme étant le vaisseau aquifère décrit par J. Müller. Nous discuterons plus loin cette opinion et nous verrons à quoi doit être attribuée cette erreur. Quant à la structure du vaisseau, il le croit formé d'un tissu hyalin, présentant seulement quelques fibres.

M. Simroth[3] dit que sa structure comprend un épithélium externe qui jamais ne présente de cellules libres, et une membrane homogène qui, quelquefois, devient un endothélium.

M. Ludwig n'a pas insisté sur ce point.

Si l'on isole un vaisseau brachial d'un animal vivant et si l'on soumet cette partie à l'examen, on la voit couverte d'un tissu diaphane rempli de petites granulations. Cette partie, au premier abord, paraît appartenir au tissu conjonctif extérieur, et être due aux brides, qui sont restées attachées au vaisseau, quand on cherche à l'arracher. Un examen plus attentif montre que le vaisseau, comme nous avons

[1] *Loc. cit.*, p. 417.
[2] *Loc. cit.*, p. 266.
[3] *Loc. cit.*, p. 458.

eu l'occasion de le dire à propos du tube digestif, est pourvu d'une enveloppe propre due au tissu diaphane.

Si l'on traite les vaisseaux par l'acide azotique, on distingue bien la structure des fibres. Nous donnons une figure (pl. X, fig. 8) dans laquelle les différentes parties sont représentées avec la plus grande exactitude. A un très faible grossissement, on reconnaît les détails de la structure. La paroi, considérée longitudinalement, présente deux couches, une extérieure et une intérieure, à la limite de laquelle je crois pouvoir dire, sans oser l'affirmer, qu'il existe des formes cellulaires et un revêtement très évident de cils vibratiles. La paroi extérieure est formée exclusivement de fibres longitudinales du tissu conjonctif rempli de granulations, qui se colorent facilement avec le picrocarminate. La structure de la couche interne, qui est bien distincte, n'est pas facile à déterminer : c'est un endothélium propre, on n'y distingue ni fibres ni granulations ; c'est un véritable tissu hyalin, réfractant la lumière, sans éléments distincts. Outre les fibres longitudinales que nous venons de décrire, dans le vaisseau existent des fibres transversales qui embrassent l'anneau. Leur insertion paraît se faire sur les limites des parois externe et interne, où commence le tissu hyalin intérieur.

M. Simroth[1] dit que les vaisseaux brachiaux de l'*Ophiactis virens* étaient remplis de petits granules rendant leurs parois rigides.

Nous faisons cette remarque, que chez les animaux conservés dans l'alcool, comme dans d'autres liquides, on aperçoit toujours les parois des vaisseaux pleines de granules jaunâtres réfringents. Cela est dû au liquide périviscéral qui, en se coagulant, prend cette apparence et se dépose sur les vaisseaux.

Nous avons vu le vaisseau aquifère pénétrer dans chaque ossicule discoïde et donner deux rameaux dans les tentacules ; nous avons même dit que les tentacules n'étaient que la continuation du vaisseau lui-même, à laquelle s'ajoute une partie tégumentaire périphérique.

Pour soutenir cette idée, nous sommes obligé de recourir aux premières phases du développement du système aquifère ; c'est le seul moyen sûr et certain de prouver l'exactitude du fait annoncé. Nous prenons, comme type, l'*Amphiura squamata* (Sars), chez laquelle il est facile, grâce à la viviparité, de poursuivre le développe-

---

[1] *Loc. cit.*, p. 459, pl. XXXIV et XXXV, fig. 35, 36, 40 et 41.

ment avec succès. Dans les figures 14 et 15 (pl. XII), dessinées
à la chambre claire, on voit la première formation des tentacules ;
on y voit que chaque faisceau tentaculaire est composé de cinq prolongements ; la structure, tant intérieure qu'extérieure, est la même
chez tous. Mais il y a ici un fait à noter. C'est que le prolongement
médian, en poursuivant son développement, deviendra non un tentacule, mais le futur vaisseau brachial lui-même. Les deux autres prolongements deviendront les tentacules buccaux ; leur développement
s'arrêtera alors, tandis que l'autre continuera. La structure histologique concourt avec l'embryogénie à démontrer ce fait.

Dans une coupe longitudinale comme dans une transversale, on
distingue les couches décrites dans le vaisseau, sauf la couche extérieure qui est tégumentaire, surajoutée, remplissant certainement
un rôle protecteur. Cette couche extérieure n'a pas, sinon la même
forme, du moins le même aspect, chez les différents genres d'O-
phiures.

Nous donnons (pl. VIII, fig. 2 et 4) une figure d'une partie de tentacule et d'un tentacule entier de l'*Ophiothrix rosula*, chez laquelle
la complication est la plus grande. Toute la paroi externe est couverte
de petites aspérités ressemblant à autant de verrues disposées de
différentes manières. Il y a pourtant des Ophiures dont les tentacules ne présentent rien de pareil ; tels sont les *Amphiura* (pl. X,
fig. 9). Leurs tentacules sont lisses, et c'est à peine si l'on distingue
quelques rides, dues à la faculté de se contracter.

Cette faculté de se contracter est principalement due aux fibres
longitudinales, qui sont fixées, d'une part, sur le vaisseau brachial
et, d'autre part, sur l'extrémité conique du tentacule. M. Simroth[1]
insiste longuement sur la structure des tentacules ; il en donne de
nombreuses figures. Il y trouve, de plus que nous, une couche de
tissu nerveux. Ses figures, qui sont très exactement faites, prouvent
notre manière de voir et le lecteur pourra les consulter en leur
appliquant notre interprétation. La couche à laquelle nous n'avons
pas donné de dénomination est appelée, par lui, *membrane homogène*.

Pour en finir avec l'histologie, il nous reste à parler des vésicules
de Poli. Nous avons choisi (pl. VIII, fig. 7), comme exemple, celles
de l'*Ophiothrix rosula*, pour mieux prouver leur existence méconn-
nue. Nous n'avons pas grand'chose à dire au sujet de ces vésicules ;

---

[1] *Loc. cit.*, pl. 477, pl. XXXV, fig. 38, 39.

leur connexion étroite et leur origine prouvent que leur structure
doit être semblable à celle des vaisseaux. M. Simroth[1] dit n'avoir pas
vu de fibres dans les vésicules. S'il avait eu affaire, comme nous, à
des animaux vivants, il aurait pu voir que les vésicules pouvaient se
contracter et se rétrécir successivement, propriété dont les organes
anhistes ne jouissent pas.

Mais, comme nous n'avons pas cessé de le répéter, c'est dans un
pareil cas qu'on voit l'impuissance des méthodes de conservation
des tissus pour un examen ultérieur. Dans une vésicule de Poli,
grâce à sa transparence, on voit exactement sa structure, si on la
conserve dans l'eau de mer, après l'avoir arrachée d'un animal vivant. Mais, au bout de quelques minutes, il ne reste qu'un tissu simplement hyalin, comme on le décrit toujours.

Notre figure (pl. VIII, fig. 7) d'une vésicule de Poli de l'*Ophiothrix
rosula*, montre exactement la parfaite ressemblance de sa structure
avec les vaisseaux aquifères, nous n'avons donc pas à y revenir.

Nous signalerons seulement ici, à propos des vésicules de Poli de
l'*Ophioglypha lacertosa* (pl. VIII, fig. 9), une particularité de structure.
Vers leur base, à l'état vivant, on voit une série de prolongements
ressemblant à de petites glandules attachées sur la vésicule. C'est
un fait général chez l'*Ophioglypha lacertosa* vivante, nous n'avons pas
pu conserver ces formes. Dès qu'on les a soumises à un réactif pour
les fixer, elles éclatent; la même chose arrive chez les animaux placés dans l'alcool. Nous signalons seulement ici cette formation particulière sans nous y arrêter plus longtemps.

Pour continuer à suivre l'étude de l'*appareil aquifère*, dans l'ordre
que nous nous sommes imposé, il faut étudier ici ses communications. Pour cela, le seul moyen certain et incontestable est de faire
des injections sur les différents points. Nous avons choisi pour point
de départ les vésicules de Poli, à cause de leur dimension qui ren-
dait l'opération plus facile.

On croirait que le meilleur moyen pour injecter par une vésicule
de Poli, c'est de pousser le liquide vers l'anneau aquifère même.
Telle était aussi notre idée, et nombre de fois nous fûmes déçu
dans notre attente. Une injection réussit presque toujours, si, en se
servant de canules fines et en particulier de celles faites avec un tube
de verre étiré à la lampe, on pousse le liquide par un orifice fait

---

[1] *Loc. cit.*, p. 457.

sur la paroi de la vésicule, vers sa base ; c'est par l'opposition rencontrée contre les parois que le liquide, revenant sur lui-même, injecte admirablement bien tout le système aquifère. Nous conseillons d'employer cette méthode chez d'autres Echinodermes. Chez les *Solaster*, où nous avons essayé de les injecter, à Roscoff, la réussite a été complète.

Avec cette manière de procéder, le canal aquifère restant intact, on peut, sans erreur possible, déterminer exactement ses connexions avec l'anneau aquifère d'une part, et d'autre part avec l'extérieur. Nous remarquons (pl. IX, fig. 8, *ca*) sa marche tortueuse et à côté de lui la glande piriforme restée incolore. Mais le point important, c'est que nous apercevons de cette manière la communication directe avec l'extérieur.

Le liquide employé arrive jusqu'au pore extérieur. Ainsi est prouvée la communication directe du *canal aquifère* avec le *canal du pore* décrit par M. Ludwig, et en même temps les relations de l'appareil aquifère avec le milieu ambiant. Ces résultats n'auraient pas été possibles si l'injection avait été poussée par le canal aquifère même.

Nous avons toujours vu, chez l'*Ophioglypha lacertosa* et chez l'*Ophiocoma nigra*, le liquide, injecté par une vésicule de Poli, passer à travers la *plaque madréporique*. Cette sortie prouve la vérité du fait que nous avons avancé quand nous traitions de la *plaque madréporique*, à savoir que le petit soulèvement est dû au déplacement de la plaque buccale. En effet, bien souvent, surtout quand on emploie du bleu d'aniline, on voit le liquide sortir à côté en passant à travers les parois des deux plaques. Le pore extérieur, chez l'*Ophioglypha lacertosa*, est extrêmement petit.

Un autre point important obtenu par ce mode d'injection, où toutes les parties de l'animal se laissent pénétrer de liquide, est la disposition des vaisseaux dans l'intérieur des tentacules.

M. Ludwig[1], dans ses figures, fait arrêter le vaisseau aquifère au point de son entrée dans le tentacule. A ce niveau il le représente avec une extrémité terminale conique. Nous avons toujours vu les tentacules complètement remplis, et à leur base, quel que soit le moyen employé, nous n'avons pu voir cette disposition, qui est contraire à notre supposition que les tentacules font suite directe aux vaisseaux.

---

[1] *Loc. cit.*, pl. XIV, fig. 7, 8, 9.

Le contenu des vaisseaux est formé de globules sphériques, brunâtres, ressemblant à des gouttelettes graisseuses (pl. VIII, fig. 1). Leur apparence paraît entièrement homogène, et il est difficile d'y distinguer une enveloppe propre. Du reste leur forme est entièrement semblable à celle des corpuscules trouvés dans la cavité périviscérale ; nous pouvons donc renvoyer indistinctement aux mêmes figures.

Comment se fait la circulation de ces corps à l'intérieur des vaisseaux et en général quel est le rôle de ce système ?

Pour étudier avec quelque succès cette question nous nous sommes adressé à des individus dont la petite taille permettait une observation microscopique directe.

Nous avons eu recours même à des embryons. Chez l'*Amphiura squamata* nous avons trouvé les deux avantages précédents.

Dans la figure (pl. X fig. 9) d'un tentacule de l'*Amphiura squamata*, on remarque que la cavité interne est bosselée. En effet en examinant un animal vivant sous le compresseur, on remarque cette apparence dans l'intérieur du tentacule. Si l'on y apporte une grande attention, on arrive facilement à voir que la cavité intérieure d'un tentacule bien épanoui change plusieurs fois de forme. Il y a des moments où les bosses internes viennent à se toucher, alors le liquide intérieur finit par reculer et le tentacule se contracte. Cette singulière apparence nous a amené à croire que les parois de vaisseaux aquifères, par des contractions successives, produisent la circulation dans l'intérieur de ces vaisseaux.

Cela explique aussi pourquoi l'injection poussée en sens contraire dans une vésicule de Poli réussit mieux. La paroi des vaisseaux vers laquelle le liquide est poussé, se contracte pour opposer une résistance, tandis que la partie opposée, au contraire, reste distendue et le liquide a le temps de pénétrer.

Notre figure de la formation (pl. XII, fig. 15) du système aquifère à l'état embryonnaire montre que l'intérieur du vaisseau annulaire présente la même disposition que nous avons signalée dans les tentacules.

Dans l'intérieur de ce système, la circulation s'effectue par la contraction de la paroi interne munie de cils vibratiles, le courant suit un mouvement de va-et-vient continuel, comme on pourra s'en convaincre, en regardant une vésicule de Poli, chez l'*Ophioglypha lacertosa*.

L'animal doit avoir la propriété de modérer ou d'accélérer le courant, qui certainement vient de l'extérieur par le canal aquifère.

Ce système, dans lequel circule un liquide ayant l'aspect et la même composition que le liquide périviscéral, est le seul système ayant des parois propres; en un mot, est le seul véritable système.

D'autres ont décrit d'autres systèmes chez les Ophiures; nous en discuterons l'existence et nous opposerons les faits.

Il s'agit ici, à présent que nous connaissons ce système dans son ensemble, de donner les considérations de différents auteurs.

M. Carl Gegenbaur[1] établit une distinction entre les systèmes ambulacraire et aquifère. Le premier, pour lui, a une origine musculaire ou tégumentaire, et comprend l'ensemble des vaisseaux qui se rattachent aux tentacules. Comme système vasculaire aquifère, il n'y a pour lui que l'anneau central. On ne pourra pas admettre cette distinction entre les vaisseaux brachiaux et l'anneau central. Les deux systèmes n'en font qu'un seul. La formation musculaire ou tégumentaire qui se surajoute extérieurement n'a pas une valeur suffisante pour nous permettre d'établir une telle séparation.

Il nous reste donc à choisir entre les deux noms, ou à réunir l'ensemble des deux appareils sous la dénomination commune de système *aquifère* ou *ambulacraire*; nous nous sommes arrêté à la première dénomination qui nous paraît, vu le rapport avec l'extérieur, expliquer plus facilement le rôle de ce système.

GLANDE PIRIFORME.

Il nous reste à présent à étudier un organe dont nous avons signalé l'existence à côté du canal aquifère, dans la même enveloppe protectrice, et auquel nous avons donné le nom de *glande piriforme*.

Cet organe a joué un grand rôle dans l'économie des Ophiures, d'après les auteurs.

J. Müller[2] le considéra comme faisant partie de l'ensemble qu'il considéra comme étant le canal du sable. M. Teuscher[3], qui attaque le travail de Müller, ne continue pas moins à prendre l'enveloppe protectrice pour le canal lui-même; au sujet de la glande, voici ses

---

[1] *Manuel d'anatomie comparée,* traduction française, 1874, p. 298-311.
[2] *Ueber den Bau der Echinodermen,* 1854, p. 81-82, pl. VI, fig. 10 et 11.
[3] *Loc. cit.,* p. 271.

propres paroles : « Si l'on déchire ce sac (l'enveloppe sans doute) dans toute sa longueur, on peut en faire sortir une masse framboisée dont la partie dure est appuyée contre le canal. Cette masse se compose d'une matière gélatineuse, contenant un nombre considérable de granulations noires et consistantes. »

Plus loin il ajoute : « Malheureusement l'état de conservation du type qui me sert comme exemple ne me permet pas d'examiner la structure de ces organes. »

M. Simroth[1] considère cette glande comme analogue à la vésicule de Poli, qui devait être à cet endroit; il la croit embrassée dans une membrane mince qu'il appelle *cœur*, et qui est une formation mésentérique remplie de granulations.

M. Ludwig[2] écrit : « Le *cœur* des Ophiures est pareil à celui des Astéries et Crinoïdes; il se compose d'une accumulation de vaisseaux anastomosés les uns avec les autres; » il l'appelle *plexus central* «Herzgeflecht»[3]. « Cette dénomination, dit-il, ne répond pas à l'idée qu'on a de cet organe, c'est tout simplement une conception ou plutôt une représentation de l'idée que je me fais en moi-même, en le considérant comme un organe central de la circulation. »

Cet auteur commence par dire que la structure de cet organe est la même que chez les Astéries. Nous n'avons pas nous-même cherché à comparer les choses, mais nous avons une description de cet organe[4] faite par M. Jourdain, qui prétend qu'il a une structure glandulaire. Ainsi nous nous trouvons en face de deux idées opposées. Certainement les glandes chez les Astéries et les Ophiures sont semblables et de même structure, seulement elles n'ont pas cette structure si compliquée que M. Ludwig leur attribue dans ses descriptions.

Cet auteur a méconnu les rapports de cette glande, surtout à son côté inférieur, en disant « qu'avant sa terminaison elle se relie avec le *cercle aboral* ».

Nous croyons que pour se faire une idée exacte d'un organe, il ne suffit pas d'émettre une simple considération ou une conception tout à fait idéale. Le meilleur moyen, c'est de chercher ses connexions et

---

[1] *Loc. cit.*, p. 455.

[2] *Loc. cit.*, p. 350-351.

[3] Il est difficile de traduire autrement ce mot en français; du reste, M. Carpenter, dans le compte rendu dont nous avons fait mention dans l'historique, emploie la même dénomination que nous.

[4] *Comptes rendus de l'Académie des sciences*, 1867, p. 1003.

sa structure, et de laisser l'organe lui-même indiquer son rôle plutôt que de lui en assigner un.

Pour qu'un organe soit un plexus central, un véritable centre de circulation, il doit être pourvu de moyens nécessaires pour exercer ce rôle. Il faut que sa structure réponde exactement à ses fonctions. Tel n'est pas le cas ici. Et pourquoi ce *cœur* est-il semblable à celui des Astéries et des Crinoïdes seulement? Pourquoi ne serait-il pas pareil à celui des Echinides, et pourquoi celui de ces derniers, d'après les travaux de M. Perrier [1], serait-il différent? D'autre part, si cet organe est appelé à remplir chez les Echinodermes un rôle si important, pourquoi manque-t-il chez les Holothuries et chez les Synaptes ?

Ce sont autant de questions à poser, et auxquelles il faut donner une réponse en rapport avec l'idée générale admise.

Un organe qui n'a pas de fibres musculaires et qu'on n'a jamais vu battre n'est pas un *cœur*.

Nous aurions beaucoup désiré voir une figure de ces vaisseaux anastomosés, vus par l'auteur dont nous parlons ici. Malheureusement il se contente de nous donner un schéma de la circulation admise par lui où, par une ligne colorée, est représentée la place du *plexus central* (pl. XV, fig. 12, *loc. cit.*).

Nous allons, pour notre compte, décrire les choses comme nous les avons vues, et nous chercherons ensuite à en tirer une conclusion.

Nous rappellerons en quelques mots la position de cet organe et sa forme. Il est situé à côté du véritable canal aquifère (pl. VIII, fig. 5 et 6, *gp*); comme nous l'avons représenté dans les figures, le canal par son extrémité supérieure fait le tour du conduit glandulaire.

Chez l'*Ophiothrix rosula*, qui nous a servi comme type, l'organe est piriforme, chez l'*Ophiocoma nigra* sa forme est plutôt sphérique; enfin chez les *Ophioglypha*, où l'enveloppe protectrice manque, il est caractérisé par son grand développement comparativement à celui des autres Ophiures.

La partie inférieure est entièrement libre, soit quand il est enchâssé dans l'enveloppe, soit quand il flotte librement; aucun prolongement ne paraît se diriger vers un point quelconque.

Pour nous assurer si cela n'était pas dû à une mauvaise prépara-

---

[1] *Arch. de zool. exp.*, t. IV, p. 616, pl. XXIII, fig. 3, 4, 5.

tion, nous avons injecté l'organe, pour voir s'il n'existait pas un orifice inférieur. Jamais, nous n'avons vu quelque chose de pareil. Nous avons donc conclu que cet organe ne communique inférieurement avec aucune partie de l'organisme. Il ne reste donc que la communication supérieure avec l'extérieur. Son conduit est extrêmement apparent, et ainsi aucune erreur ne peut exister sur ce point.

Ainsi il faut mettre de côté l'hypothèse qui consiste à considérer cet organe comme le centre d'une circulation, en dehors de celle que nous venons de décrire.

Nous reviendrons plus tard longuement sur cette question. Contentons-nous ici de faire connaître la nature de ce singulier organe.

Nous avons étudié la glande à l'état frais, et aussi, en pratiquant des coupes, toujours nous avons distingué, sauf à de légères différences dues aux changements opérés par les réactifs, la même structure. A l'état frais, soumis à l'examen microscopique, il se présente comme un amas cellulaire enveloppé dans une mince enveloppe (pl. VIII, fig. 10) de tissu conjonctif. Chaque cellule possède une forme arrondie (pl. VIII, fig. 3), un fort noyau et de nombreuses granulations. Dans une coupe faite sur des échantillons fixés par l'acide osmique, les parois cellulaires ne sont plus distinctes, nous supposons qu'elles ont éclaté, le tout apparaît alors plein de granulations. Mais, par cette méthode, on voit que l'organe contient une cavité dans son intérieur. Dans les parois (pl. VIII, fig. 10, *cc*) on distingue une disposition rayonnée de granulations qui nous fait supposer que les cellules, dont les granulations ne représentent que le contenu, avaient cette même disposition. Ainsi on pourra se représenter cet organe comme une série de colonnes cellulaires dont le sommet est situé à la partie extérieure, et dont le contenu sécrété vient se déverser dans la cavité intérieure. Si nous voulons à présent considérer l'ensemble de cet organe d'après la structure décrite et la disposition de son intérieur, on ne pourra le considérer que comme un organe glandulaire dont le produit, vu l'étroite connexion de son conduit avec le pore de la plaque madréporique, doit être versé au dehors.

Quel est son rôle dans l'organisme ? Nous ne pouvons répondre d'une manière certaine. En tous cas, il ne remplit qu'un rôle secondaire, vu que certains Echinodermes en manquent entièrement.

Est-ce que l'absence de cet organe ne pourrait pas être une conséquence du développement d'autres organes excréteurs et sa présence ne serait-elle pas une conséquence de la disparition de ces derniers ? Nous croyons que sur ce point existe une question qu'il faudrait élucider.

B. — *Système vasculaire.*

Nous avons vu le système aquifère communiquer directement avec l'extérieur. En outre, nous avons déterminé les rapports avec les diverses parties du corps. D'après ces dispositions, la plus grande partie de l'organisme n'a aucune relation avec ce système. Ces considérations ont poussé ceux qui se sont occupés des Ophiures à chercher à trouver dans ces animaux un autre système, qui serait le véritable système vasculaire, ou, si l'on veut établir quelque rapprochement avec les animaux supérieurs, qui serait le système artériel de l'organisme.

Cette idée ne manque pas de séduire par une certaine apparence de probabilité et d'entraîner à la recherche de ce système. Mais c'est ici que l'on rencontre un grand écueil. Est-ce un système à vaisseaux propres ou de simples espaces où le liquide circule ?

Pour nous, chez les Ophiures, il n'existe que ce second mode de circulation, et nous tâcherons de prouver notre opinion par les choses mêmes.

Historique. — Nous commencerons par citer les opinions des autres, et par indiquer les moyens par lesquels ils sont arrivés à décrire un système clos. Nous espérons démontrer par leurs écrits mêmes notre manière de voir.

D'après M. Ludwig[1] la découverte du *système vasculaire radiaire* est due à M. Lange[2]. Nous citons son opinion, parce que les ouvrages de MM. Teuscher et Simroth ayant paru la même année, on pouvait aussi bien attribuer la description à l'un de ces deux derniers.

La description de M. Lange et surtout sa figure 12 de la planche XVII montrent avec la plus grande évidence que son système vasculaire radiaire n'est autre chose que le système aquifère décrit.

Si nous rapprochons cette figure de celle donnée, par M. Ludwig,

---

[1] *Loc. cit.*, p. 347.

[2] *Beiträge zur Anatomie und Histologie der Asterien und Ophiuren (Morphologisch. Jahrbuch. II Bd , 1876).*

pl. XV, la ressemblance est frappante. Dans celle de M. Lange, qui paraît être faite d'après nature, et dans celle de M. Ludwig, qui est schématique, la disposition du système vasculaire dans le bras coïncide, sans doute possible, avec la disposition du système aquifère.

Il est vrai que les deux auteurs placent le centre de ce système un peu plus en dedans que l'anneau aquifère. Nous n'insistons seulement ici sur ce fait que pour faire remarquer que dans les bras, où la distinction de ces deux systèmes devait être plus facile, on a représenté le vaisseau aquifère seul.

M. Simroth[1] décrit aussi un *système vasculaire*, après avoir hésité longtemps, comme il le dit lui-même. Seulement, comme nous l'avons remarqué au commencement de cette étude, la sincérité de cet auteur est toujours irréprochable. Les figures qu'il donne sont l'exacte représentation de la vérité. Elles ne correspondent nullement avec celles de MM. Lange et Ludwig. Pourtant ce dernier, pour prouver l'existence de son système, cite l'opinion de M. Simroth, comme si l'un et l'autre avaient vu et représenté la même chose. M. Teuscher[2], comme nous l'avons déjà dit, a méconnu le vaisseau aquifère, ou plutôt l'a confondu avec le vaisseau radiaire. A cause de la mauvaise méthode employée pour ses injections, il est arrivé à considérer les cavités que nous décrirons tout à l'heure comme de véritables vaisseaux, auxquels il a donné le nom de *vaisseaux nerveux*.

Nous allons, en nous servant de ses propres descriptions de ce système, d'après les injections mêmes, prouver son erreur. « Pour injecter le système aquifère, dit-il, on peut se servir de l'orifice du premier tentacule enlevé. On peut, si l'on persiste, injecter ainsi l'anneau aquifère, les vaisseaux et les tentacules. Mais, comme nous l'avons vu plus haut, comme le vaisseau aquifère ne se sépare du système nerveux que par un tissu hyalin et perméable, ce dernier pourra s'injecter en même temps. » Un peu plus loin il dit de nouveau : « Les résultats obtenus après de nombreuses préparations sont les suivants : le canal pierreux (enveloppe protectrice) n'était jamais injecté. » Après cette citation que peut-on conclure ? Que M. Teuscher n'a pas injecté le vaisseau aquifère, comme il le supposait, mais la cavité contenue entre lui et la bandelette brachiale.

---

[1] *Loc. cit.*, p. 463 et 464.
[2] *Loc. cit.*, p. 271, pl. VIII, fig. 4, 5, 6.

Le liquide, certainement, ne pouvait aller jusqu'à l'enveloppe protectrice, parce que le chemin, comme nous allons le voir, lui est fermé ; mais il est arrivé jusqu'à l'anneau nerveux même. C'est ce point que nous retenons ; ainsi notre opinion, sur laquelle nous insisterons dans un moment, ne pourra être suspecte.

Enfin ce système vasculaire radiaire, où existe-t-il, d'après les auteurs ? Nous nous adresserons toujours à M. Ludwig pour nous renseigner sur ce point.

Pour lui, le système vasculaire des Ophiures se compose de deux anneaux qui, par l'intermédiaire du cœur, se relient l'un à l'autre, et de vaisseaux qui en partent pour se rendre aux organes.

L'un de ces anneaux (celui que nous discutons pour le moment) est situé à l'entrée de la bouche, c'est le *cercle oral*, ou *radiaire ;* il donne naissance à cinq troncs, qui parcourent les bras en donnant des ramifications aux tentacules ; leur situation est au-dessus des nerfs radiaires.

Ainsi, ce premier cercle occupe dans la partie buccale une place voisine du système nerveux, et suit toutes les ramifications de celui-ci.

Puisque, pour la description de ce système, il nous renvoie aux descriptions de M. Simroth[1], nous citerons un résumé de cet auteur qui contient tout ce qu'il dit d'essentiel sur cette question :

« Ce système est représenté par un vaisseau brachial médian et par deux vaisseaux latéraux ; ces trois vaisseaux montent avec le filet nerveux, entre les plaques buccales. *Le nerf contribue à la formation de la paroi du vaisseau médian.* Son calibre est *un triangle* dont le sommet est accolé à la partie supérieure du vaisseau aquifère. Les deux autres vaisseaux accessoires ont une coupe circulaire et sont accolés au vaisseau médian. Tous les trois avec le cordon nerveux atteignent l'espace supérieur des plaques buccales, et là forment deux anneaux, un buccal et un nerveux, qui ne s'accolent pas à l'anneau aquifère ; je crois qu'il n'existe aucune anastomose entre l'anneau aquifère et l'anneau vasculaire.

« Histologiquement ce système est composé d'une couche *mésentérique externe* et d'une membrane fine de tissu conjonctif ; il n'existe pas de couche vasculaire.

« Je m'explique la circulation dans ce système de la manière sui-

---

[1] *Loc. cit.*, p. 463-468, pl. XXXIII et XXXV, fig. 24, 40 et 41.

vante. Les vaisseaux sanguins périphériques étant étroits, et l'anneau plus large, lorsque l'animal mâche, l'action des muscles buccaux suffit pour pousser le sang dans les vaisseaux, et ainsi de suite. Il est difficile d'établir plusieurs catégories, entre les corpuscules sanguins. En principe une différence entre le *système aquifère* et le *système vasculaire* n'est pas possible ; il doit s'établir une communication dans la plaque madréporique. »

Nous avons cité tout au long ce passage de M. Simroth, qui prouve comment, en cherchant à trouver un système vasculaire pareil à celui décrit chez les Astéries par Hoffmann, il est arrivé à prendre pour des vaisseaux un simple espace. Il est encore à remarquer que pour lui la *glande piriforme,* qui pour M. Ludwig est un *plexus central,* ne joue aucun rôle dans cette circulation.

Nous tirerons un argument des injections faites par M. Teuscher et que nous avons citées plus haut. Un tentacule passe à travers l'union ventrale d'une plaque latérale avec une plaque ventrale ; enlevé, il laisse un orifice qui conduit jusqu'à la rainure ventrale de l'ossicule discoïde qui se continue tout le long des bras. Si l'on pousse une injection par cet endroit, le liquide remplira l'espace limité d'un côté par la rainure des ossicules et de l'autre côté par la plaque ventrale, à l'intérieur de laquelle se trouve la bandelette nerveuse, et il arrivera jusqu'à la limite de cette dernière, jusqu'à l'anneau nerveux. La croyance de M. Teuscher à un *vaisseau nerveux* repose sur ce fait très facile à expliquer.

D'autre part, si un vaisseau existait dans la rainure en dehors du vaisseau aquifère, il ne pourrait échapper si facilement aux recherches. Certaines Ophiures, comme l'*Ophioglypha lacertosa* et *Ophiura lævis* (Lyman), atteignent une assez grande taille pour permettre des recherches directes. Mais, ni par les coupes, ni par de réactifs détruisant la masse calcaire, on n'arrive à isoler ou même à reconnaître la moindre trace d'un vaisseau.

Les coupes, car nous devons parler de ce mode d'étude qui a servi exclusivement à M. Simroth, prouvent tout le contraire. Un coup d'œil sur la figure de la planche XXXV, fig. 40, du mémoire de cet auteur montre la chose avec la plus grande évidence.

Cette figure se rapproche de celle que nous donnons (pl. IX, fig. 5) ; on y voit à la partie inférieure le vaisseau aquifère coloré en bleu, au-dessus de lui la bandelette nerveuse, entre les deux un espace libre coloré en rouge.

Rappelons que M. Simroth dit que le nerf contribue à *la formation
des parois du vaisseau et que sa forme est triangulaire*. Cet espace correspond parfaitement à la description qu'il a donnée d'un vaisseau
radiaire, il est certainement limité par du tissu conjonctif qui forme
d'un côté l'enveloppe externe de la bandelette nerveuse, comme de
l'autre celle du vaisseau aquifère.

Nous n'avons donc ici, certainement, nullement affaire à un vaisseau, mais à un simple espace, dont nous avons tracé les limites.
Nous l'appellerons *espace radial* (pl. IX, fig. 2), et nous allons examiner successivement ses rapports avec les autres cavités. Dans la coupe
que nous donnons, on remarque, au milieu de la bandelette nerveuse, dont les bords prennent la forme d'un croissant en venant
toucher la paroi supérieure du vaisseau aquifère, un petit enfoncement (fig. 5, *en*) : c'est cette place que M. Ludwig désigne comme
étant occupée par le vaisseau radiaire, le reste est un espace péri-
hæmal. Mais il ne donne pas de plus amples détails et nous renvoie
aux descriptions de M. Simroth, qui sont essentiellement différentes.

Revenons à notre description. Cet *espace radial* conduit (pl. IX,
fig. 1, *r*), comme le prouvent les injections de M. Teuscher, à un
autre espace, qui contient le système nerveux (*pn*). Nous appellerons ce nouvel espace *espace périnerveux*. Il a la forme d'un canal circulaire, dont la coupe serait un triangle à sommet tourné en
dedans. Il est limité en dehors par la muraille du troisième ossicule
discoïde ; en haut et en bas, par deux membranes qui, parties l'une
et l'autre du point où l'œsophage s'unit à l'estomac, se portent en
dehors et se fixent sur cet ossicule.

L'ensemble de nos deux espaces correspond exactement au *système radiaire* de M. Simroth; il ne manque, pour être un système clos,
que de considérer les tissus conjonctifs des autres appareils, entre
lesquels il se trouve compris, comme lui appartenant, et de lui donner ainsi la signification d'une paroi propre.

Les choses ne se passent pourtant pas ainsi, et ces deux espaces
communiquent avec la cavité générale du corps.

Expliquer ces choses avec des figures faites d'après nature nous
était impossible ; nous sommes donc vu obligé de tracer des figures
schématiques qui, en ne s'éloignant pas beaucoup de la vérité, pour-
ront peut-être rendre plus claire notre description. Si l'on pousse
une injection entre le tégument et le tube digestif, c'est-à-dire dans
la cavité générale, le liquide ne se montre jamais à l'extérieur, et

jamais ne pénètre dans le *système aquifère*. Ainsi la cavité générale est entièrement close. Si le liquide dont on s'est servi était coagulable, nous pouvons remarquer et décrire exactement les différentes parties.

Ainsi (fig. 1, pl. IX) nous remarquons qu'entre les téguments et le tube digestif existe un grand espace (*st*) comprenant, vers sa partie supérieure, plus rétrécie, l'*anneau aquifère* (*aa*); nous l'appellerons, d'après ses rapports, *espace péristomacal*. Nous remarquons qu'une portion de cet espace s'étend à la partie dorsale des bras, entre les plaques dorsales et les ossicules discoïdes; ce nouveau prolongement, nous l'appellerons *espace dorsal* (*d*).

Si maintenant on cherche à trouver les rapports entre la cavité générale et les espaces *périnerveux* et *radial,* on pourra voir de quelle manière s'établit une communication. Autour de chaque vaisseau aquifère se rendant à un bras se trouve un espace creusé dans l'ossicule discoïde et qui dépend de l'*espace péristomacal,* de même autour de chaque nerf se trouve un espace communiquant avec l'*espace périnerveux.*

Or, ces deux espaces marchent à la rencontre l'un de l'autre, en même temps que les parties qu'ils contiennent. Ils se réunissent ainsi à la hauteur de la rainure (pl. IX, fig. 1, *o*), mettant en large communication l'*espace périnerveux* avec la cavité générale. Les deux espaces se fusionnent en un seul, qui occupe toute la cavité existant entre les plaques ventrales d'un bras et les ossicules discoïdes (*espace ventral*), et qui en même temps se continue dans l'espace qui existe entre le nerf et le vaisseau aquifère (*espace périphérique* (pl. IX, fig. 1, *vp*).

Il est facile de se convaincre que, dans l'ensemble des espaces que nous avons décrits, il existe un liquide incolore, qui paraît être plus dense que l'eau de mer; il est composé de corpuscules sphériques, dont quelques-uns ressemblent à des gouttelettes graisseuses. D'autres possèdent comme des espèces de pseudopodes.

Si l'on compare le liquide puisé dans l'espace compris entre le tégument et la paroi dorsale du tube digestif avec le liquide puisé soit dans une vésicule de Poli, soit dans un vaisseau brachial, on voit que les deux liquides sont semblables à tous les points de vue.

Il est ici important, croyons-nous, de remarquer que, dans la gouttière brachiale aussi bien que dans la cavité générale, et surtout aux angles existant entre la plaque buccale et les deux bras, on rencontre, après avoir enlevé la paroi, de petits corps bruns. Portés sur le champ du microscope, ces corpuscules perdent immédiatement leur couleur.

Ils sont très fréquents chez l'*Ophioglypha lacertosa*, et ne se rencontrent pas chez toutes les Ophiures. Nous n'en n'avons jamais vu chez les *Ophiothrix* que nous avons étudiés, ni chez l'*Amphiura filiformis*. Leur forme et leur couleur les rendent très reconnaissables parmi le reste du liquide périviscéral. La moindre confusion sur ce point n'est donc pas possible.

Nous n'avons donc pas affaire à un *système radiaire* limité entre les espaces *périnerveux* et *radial*, mais à un ensemble lacunaire dans lequel circule le liquide nourricier.

M. Ludwig décrit une circulation toute différente de celle que nous venons d'exposer. Cherchant toujours des comparaisons avec les *Astéries*, il trouve, chez les Ophiures, un système vasculaire pareil. Nous avons montré en quoi consiste une partie de son système, celle appelée par lui *radiaire* ou *orale ;* quelle est la structure du prétendu *cœur* ou *plexus central ;* comment il lui est impossible, avec une structure éminemment glandulaire, de remplir un rôle d'impulsion. Il faut encore démontrer que l'autre *cercle aboral* n'existe pas.

Ce cercle est situé, d'après les descriptions de l'auteur[1], comme chez les *Astéries*, du côté dorsal ; seulement, chez les *Ophiures*, ce dernier se trouve en partie dans la région dorsale et en partie dans la région ventrale. Il a la figure d'un cercle avec cinq angles du côté du centre. Dans ce cercle il faut distinguer :

1° Cinq arcs convexes du côté externe ;
2° Dix autres se dirigeant vers le centre ;
3° Cinq autres au fond des angles.

Les cinq premiers arcs sont situés du côté dorsal du disque ; ils sont couverts par les boucliers radiaires ; à droite et à gauche, ils traversent l'espace qui se trouve entre le bouclier radiaire et le muscle qui le réunit au cordon de la bourse (sac respiratoire) ; là ils donnent, autour de la fente génitale, un rameau d'où en partent d'autres qui se rendent aux organes génitaux. Les dix arcs latéraux ne restent pas du côté interne de la paroi du disque, mais ils vont se placer du côté interne du péristome ventral ; ils suivent les bords

---

[1] *Loc. cit.*, p. 350-352, pl. XV, fig. 12.

brachiaux des organes génitaux pour arriver aux bords situés du côté buccal ; là ils se terminent en formant l'arc interne de l'angle, qui passe transversalement sous la plaque buccale, et de là se continue avec le second arc.

Nous citerons encore ici textuellement ce qu'il dit de ces systèmes de vaisseaux sanguins [1] lorsqu'il en parle en général :

« La structure intime des vaisseaux sanguins ne me paraît pas claire, et je ne suis pas en état de donner des indications précises sur la nature de leur contenu. Dans mes préparations, j'ai vu ce contenu ayant une structure fine, granuleuse et coloré très vivement par l'hématoxyline, de même que les parois du vaisseau. L'intérieur du vaisseau me semble traversé par des membranes et des filets sans aucun ordre, et me paraît composé de mailles souples comme chez tous les autres Echinodermes. Pour voir bien la structure et le contenu des vaisseaux, il faut avoir des *animaux vivants*, et si alors on n'arrivait pas à des résultats sûrs, cela tiendrait à ce que l'histologie des Echinodermes est une terre inconnue. »

Malgré ces affirmations, qui dénotent une certaine incertitude, M. Ludwig n'en a pas moins cru pouvoir soutenir la théorie circulatoire qu'il a imaginée. D'après nos propres préparations, opérant avec le même réactif sur des animaux vivants, nous avons constaté que les prétendus vaisseaux formant le *cercle aboral* sont dus au tissu conjonctif, dont les granules se colorent très vivement.

M. Ludwig pèche encore par la manière dont il décrit la distribution des vaisseaux. En somme, ce système nous donne deux cercles : un *oral*, qui se distribue aux bras et aux tentacules, et un *aboral*, qui donne des branches aux organes génitaux. Le tube digestif, l'organe essentiel de la vie de l'animal, dans cette théorie, ne reçoit aucun vaisseau. Comment M. Ludwig pourrait-il expliquer la présence, dans la cavité périviscérale, d'un liquide qui sans doute est le même que celui contenu dans le *système aquifère*?

Est-il sûr que son second cercle aboral n'est pas la série des bandelettes musculaires qui relient les vésicules de Poli aux intervalles interbrachiaux? Leur arrangement coïncide exactement avec celui du cercle aboral.

En résumé, il n'existe qu'un système circulatoire à parois propres, celui connu sous le nom de *système aquifère*, qui, vu la ressemblance

[1] *Loc. cit.*, p. 348.

de son contenu avec celui de la cavité générale, doit par les inter-
stices du tissu conjonctif être en communication avec la cavité périviscérale. Le liquide nourricier se met en rapport ainsi avec toutes
les parties de l'organisme, leur fournissant les matériaux de leur
accroissement. Cette distribution du liquide nourricier est en rapport avec le mode de respiration que nous allons décrire en détail
maintenant.

V. RESPIRATION.

Il est assez intéressant de rappeler sur ce sujet les différentes opinions des auteurs.

Nous trouvons dans la monographie des Zoophytes Echinodermes [1]
par Dujardin et Hupé les détails suivants :

« Les Ophiurides ont une respiration externe et une respiration
interne ; celle-ci a lieu dans la cavité générale du corps seulement,
c'est-à-dire le disque, puisque, ainsi que nous l'avons déjà dit, cette
cavité ne se prolonge d'aucune manière dans les bras ; elle a pour
agent principal les mouvements de cils vibratiles dont l'épithélium de
la face interne est revêtu, ainsi que tous les viscères.

« L'eau pénètre dans l'intérieur du corps par l'une des fentes qui
existent de chaque côté de la base des bras, par la plus voisine de la
bouche, cette ouverture ou fente servant en même temps à la sortie
des œufs ; lorsqu'il n'y a qu'une seule fente à la base des bras, les
extrémités de cette fente unique jouent le rôle de deux fentes parti-
culières, dont la position est correspondante, tandis que le milieu
remplace les autres. Quant à la respiration externe, elle a pour organes spéciaux les tentacules charnus, creux et tubuleux qui sortent
de chaque côté des bras, entre les plaques écailleuses et sur les parties latérales de la gouttière médiane de chaque bras. Ces organes
tubuleux sont le plus souvent protégés par des épines ou des écailles
spéciales, dont le nombre ainsi que la forme sont très variés et donnent d'excellents caractères spécifiques. Un vaisseau qui s'étend longitudinalement sous le tégument de la gouttière médiane des bras,
conduit le fluide nourricier au contact de l'oxygène dissous dans
l'eau. On ne peut douter d'ailleurs que les pointes ou piquants mo-
biles dont les bras sont armés, et dont nous venons de parler plus

---

[1] *Histoire naturelle de Zoophytes échinodermes*, lib. encycl. Roret, 1862.

haut et qui ont une structure si semblable à celle des pointes d'Oursins, ne puissent également concourir à la respiration externe, par
suite des cils vibratiles qui couvrent leur surface. »

Il était admis jusqu'aux derniers travaux de M. Ludwig que la cavité générale, par l'intermédiaire de fentes existant à la base des bras,
communiquait directement avec l'extérieur ; l'eau de mer baignait
entièrement l'organisme.

M. Ludwig prouva que les fentes, au lieu de conduire directement
à l'intérieur, se prolongent intérieurement en une espèce d'invagination, formant ainsi des organes en forme de sacs entièrement clos.
Sur leurs parois sont attachés les organes génitaux. Il appela ces organes, *bourses*, en raison de leur position par rapport aux organes
génitaux. Il soupçonna pourtant leur véritable rôle, en conseillant[1]
de chercher sur des animaux vivants leur véritable fonction, qui devait être la respiration.

L'honneur d'avoir découvert cette disposition particulière chez les
Ophiures et les Euryales appartient donc entièrement à M. Ludwig.
Nous n'aurons qu'à confirmer son opinion et à ajouter quelques
développements.

Quand on observe du côté dorsal une Ophiure vivante, et surtout
une *Amphiura filiformis*, dont le disque mou rend les choses plus
évidentes, on voit le corps de l'animal se gonfler et s'affaisser alternativement ; on distingue nettement que le gonflement commence
par la périphérie du disque, qui entraîne le soulèvement du centre.
La marche est extrêmement lente, quelquefois même ne s'effectue
que d'un côté du corps. L'affaissement, au contraire, est subit. Chez
les animaux qui venaient d'être pêchés, nous avons remarqué que
ce phénomène était très fréquent ; chez d'autres, conservés pendant
longtemps, il se produisait à de longs intervalles.

Si l'on ajoute dans l'eau des particules colorées ou simplement de
la fine sciure de bois ou des poussières, et si en même temps on renverse sur le dos un animal, après lui avoir coupé les bras pour
l'empêcher de reprendre sa position naturelle, on reconnaît : un
double courant autour des fentes génitales ; l'eau entre du côté de la
fente qui avoisine le bras et sort du côté opposé (pl. IX, fig. 2, *sr*).
Le mode d'entrée et de sortie de l'eau est dû à ce qu'un seul côté
de la fente possède des cils vibratiles. C'est celui qui est au contact

---

[1] *Loc. cit.*, p. 386.

du bras. L'autre en manque absolument. Le mouvement des cils est aussi caractéristique, il se fait toujours dans une direction telle qu'il pousse le liquide vers l'intérieur.

On voit aisément sous le microscope que le courant qui s'établit de cette façon, est comme un tourbillon dont les points de départ et de terminaison occupent le même lieu (voir la direction des flèches dans la figure schématique **2** de la planche IX). En injectant par une de ces fentes un liquide coagulable, on acquiert la certitude que l'orifice donne accès dans une espèce de sac entièrement clos (voir même planche, fig. 3).

La forme varie suivant les genres d'Ophiures.

M. Ludwig donne une série de figures représentant leurs différentes formes. Nous n'avons pas cru nécessaire de répéter les mêmes figures, nous en donnons une, représentant ceux de l'*Amphiura filiformis* (pl. VII, fig. 9, *sr*). Dans cette espèce les sacs se présentent sous la forme d'une simple membrane extrêmement mince, limitée entre les glandes génitales, sur laquelle se trouvent attachés les utricules génitaux. Chez l'*Ophioglypha lacertosa* leur forme est bien différente, ils se continuent au-dessus du tube digestif même (pl. VII, fig. 1, et pl. IX, fig. 3).

La structure de ces organes particuliers est des plus simples : une couche interne ciliée, et extérieurement du tissu conjonctif propre aux Echinodermes, les cils ne font défaut que d'un seul côté de la fente : celui qui se trouve accolé au bras. Le mécanisme de la respiration s'effectue par les muscles du corps ; l'animal peut à volonté ouvrir et fermer les fentes, en mouvant ses bras, ou en agissant par les muscles qui entourent la bouche. De l'une ou de l'autre manière la fente s'ouvre, le mouvement des cils vibratiles amène l'eau et remplit le sac. Ce travail s'accomplit lentement ; une fois que les sacs sont remplis, l'animal cesse d'agir, et ceux-ci, qui sont élastiques, reprennent aussitôt leur forme, en chassant le liquide qui y est entré.

Une preuve à l'appui de notre idée que ces mouvements alternatifs servent à la respiration, c'est qu'en déchirant tous les sacs à la fois le mouvement non seulement cesse, mais l'animal ne vit pas longtemps.

D'autre part, nous avons signalé, à propos du tube digestif, que l'animal, malgré le percement central de cet organe, continue à vivre grâce aux sacs, qui restent intacts et continuent leur fonctionnement régulier. Cet ensemble de faits nous amène à considérer ces appareils comme de véritables organes de respiration et nous leur donnons le nom de *sacs respiratoires*.

M. Ludwig chercha à établir, ou plutôt à trouver, chez les autres Echinodermes, un organe analogue aux sacs respiratoires; en fin de compte il dut se rabattre sur les Echinodermes fossiles, en disant qu'il est difficile de lui prouver que d'autres Echinodermes à d'autres époques ne possédaient pas de semblables appareils. C'est aller trop loin, puisque jusqu'à présent on ne connaît même pas l'analogie des fentes. Nous n'admettons pas que ces organes soient une annexe des organes génitaux.

Chez certaines Ophiures, par exemple, chez l'*Ophiocoma nigra*, dont M. Ludwig nous donne une figure, ces organes sont situés au-dessus des glandes génitales et tout à fait libres, sans aucun rapport avec elles. Chez les Ophiures, où le développement de l'œuf se poursuit dans l'intérieur du corps, comme nous le ferons remarquer au sujet de ce developpement, ces organes, qui rappellent ceux de l'*Amphiura filiformis*, sont indépendants des enveloppes embryonnaires. D'après toutes ces considérations nous pouvons résumer la description de la circulation, en ajoutant que le système vasculaire proprement dit est formé par la cavité générale et les espaces qui s'y rattachent. Les sacs respiratoires, par leur affaissement et leur dilatation alternatifs, appellent le liquide nourricier dans la cavité péristomacale, pour le repousser ensuite à la périphérie.

Quant à la fonction respiratoire attribuée par Dujardin aux tentacules et piquants, on ne peut, chez les Ophiures, leur attribuer une grande influence.

Les tentacules des Ophiures diffèrent essentiellement des organes homologues chez les autres Echinodermes, auxquels, avec juste raison, on attribuait un rôle respiratoire. En ne prenant qu'un seul exemple, la *Synapte de Duvernoy,* si bien étudié par M. de Quatrefages[1], la coloration des tentacules et leur forme digitée diffèrent essentiellement de celles des Ophiures. Du reste, les tentacules ne sont en communication directe qu'avec le système aquifère, qui communique, avons-nous dit, directement avec l'extérieur; leurs parois, dont les lacunes sont en communication avec celles des autres parties des téguments, sont baignées par le liquide de la cavité générale qui circule dans ces lacunes. S'ils ont une fonction quelconque, elle ne doit

---

[1] *Annales des sciences naturelles,* 2º série, t. XVII, 1842.

intéresser que le système aquifère. Les tentacules nous paraissent être des organes exclusivement tactiles, ils servent même à l'animal au début de sa vie, quand il est encore dépourvu de ses bras, et il est réduit au disque seul, comme organes locomoteurs, surtout les tentacules buccaux et la première paire des brachiaux.

Quant aux piquants, leur fonction n'est pas douteuse. Au commencement de cette étude, quand nous avons étudié les mœurs des animaux qui nous occupent, nous avons expliqué quels sont les rapports de ces organes avec la nature du milieu extérieur, et comment il y a des Ophiures qui n'en possèdent pas.

Une autre preuve en faveur de notre opinion, c'est l'existence chez certaines Ophiures à l'état jeune, à côté de piquants, de véritables crochets; leur développement est quelquefois tel, que Müller et Troschel[1], dans leur description des Astéries et Ophiures, ont cru nécessaire d'établir un nouveau genre, l'*Ophionyx armata*. Depuis, J. Müller, en étudiant l'embryologie des Ophiures, a reconnu son erreur, qu'il avait affaire à un jeune individu de l'*Ophiothrix fragilis (versicolor)*. Ces crochets servent aux tout jeunes individus à s'accrocher sur la peau de leurs parents ; nous avons bien souvent, pendant notre voyage à la Méditerranée, trouvé ainsi de petites Ophiothrix, accrochées presque toujours à la paroi ventrale dans l'intervalle compris entre deux fentes génitales.

Ces crochets à l'état adulte ne se rencontrent plus, chez l'*Ophiothrix rosula*, qu'aux extrémités des bras, mais chez la *versicolor* ils persistent tout le long, seulement ils sont toujours plus grands aux extrémités.

Chez les petites *Amphiura squamata* nous avons remarqué de pareilles formations, seulement le piquant ne possède qu'un seul crochet à l'extrémité.

Ce qui prouve que les piquants n'ont aucun rapport avec la fonction respiratoire, c'est qu'ils sont des organes simplement locomoteurs.

Après l'étude des appareils de la nutrition et de la circulation, il nous reste à étudier encore deux autres ordres de fonctions : celles qui président aux relations de l'animal avec le monde extérieur et celles qui assurent la conservation de l'espèce.

Nous allons successivement aborder ces deux chapitres en prenant toujours pour guide l'observation et l'expérience.

---

[1] *System der Asteriden*, 1842, taf. IX, fig. 4.

VI. SYSTÈME NERVEUX.

Tracer l'historique de ce chapitre est chose facile, grâce au remarquable mémoire que E. Baudelot[1] a publié dans les *Archives de zoologie expérimentale*. Dans ce travail, qui est une critique raisonnée, on trouve tout ce qui était fait à cette époque sur le système nerveux des Echinodermes.

Nous nous plaisons à citer quelques passages du travail de ce savant, enlevé si prématurément à la science ; et nous le faisons avec d'autant plus de plaisir, que nous voyons les derniers auteurs qui se sont occupés des Ophiures ne pas même citer son nom. « Ce ne fut pas, écrit-il, sans une certaine surprise que je constatai combien de faits qui ont rang dans les livres classiques et qui semblent reposer sur les données les plus certaines, sont au contraire, lorsqu'on les examine sur la nature, entourés de vague et d'obscurité.

« Malgré les travaux assez nombreux qui ont été entrepris dans le but de faire connaître le système nerveux, le sujet est resté jusqu'aujourd'hui entouré de beaucoup d'obscurité. Pour qui s'est occupé tant soit peu de la question, le fait ne saurait paraître surprenant, vu les difficultés considérables de dissection que comporte l'étude des Echinodermes en général, vu aussi les caractères assez peu tranchés de l'élément nerveux dans tous les animaux appartenant à ce groupe. »

La première conclusion à laquelle arrive celui qui cherche à trouver un véritable système nerveux, c'est-à-dire un tissu offrant la structure du tissu nerveux des animaux supérieurs, est que chez les Echinodermes un tel système nerveux n'existe pas.

Ces animaux, pourtant, présentent un certain ordre de phénomènes qui prouvent chez eux un assez grand développement de sensibilité. Une Ophiure, quand on la prend à la main, cherche à échapper, et si l'on a soin de la tenir suspendue entre les doigts, en la tenant par la base de deux bras, on voit les bras libres de l'animal venir au secours des autres pour les dégager. Cela dénote clairement que l'animal non seulement sent, mais encore peut localiser une sensation et reconnaître d'où elle vient.

Ce phénomène, si simple qu'il soit, suggère l'idée de l'existence

[1] *Archiv. de zool. exp.*, t. Iᵉʳ, 1872, p. 477.

d'un système nerveux. Quand on coupe un bras, on le voit exécuter un certain nombre de mouvements.

Les premiers travaux sur le système nerveux des Ophiures sont ceux de J. Müller[1]. Depuis, les auteurs que nous avons cités en commençant, MM. Lange, Teuscher, Simroth, Ludwig, ont repris cette étude : les uns pour combattre les idées de Müller, les autres pour les soutenir.

Confiant dans les résultats de nos prédécesseurs, nous voulions d'abord revoir ce qu'ils avaient décrit. Mais au cours de ces recherches, bien des faits se sont présentés à nous, absolument différents de ce que l'on avait décrit. Il en résulta que nous avons dû refaire cette étude à nouveau, et nous allons exposer les résultats auxquels nous sommes arrivé.

A. — *Anatomie.*

Le système nerveux (pl. X, fig. 1, 2, 3, 4, 5, 6) se compose d'un anneau central, ou pentagone, et de cinq rameaux qui partent de lui.

Quand on enlève la partie dorsale de l'Ophiure et le tube digestif entièrement, on tombe sur le plancher buccal. Là on distingue que les pièces fourchues forment un cercle complet situé un peu au-dessus des ossicules discoïdes, qui aboutissent sur la périphérie de ce cercle. Une membrane de tissu conjonctif fortement colorée tapisse ce cercle ; si l'on enlève cette membrane, on reconnaît qu'elle est double, et c'est entre les deux parties, dans l'angle de l'espace que nous avons appelé *périnerveux,* qu'on voit une bandelette orangée (pl. X, fig. 2, *n*) entourant entièrement le cercle.

La forme de l'anneau varie : chez les Ophioglypha, il est complètement circulaire ; chez l'*Ophiocoma nigra,* il acquiert une forme pentagonale ; chez les Ophiothrix, sa forme est plutôt décagonale.

Cet anneau est situé un peu plus en dedans que l'anneau aquifère que nous avons vu ; l'un est situé sur l'ossicule discoïde, l'autre est accolé contre la partie de sa surface qui regarde l'entrée de la bouche. De cette façon, les rameaux qui partent de ces deux anneaux passent par le même orifice. Dans cet endroit, comme tout le long de leur parcours, ils sont séparés par un espace traversé par des fibres de tissu conjonctif disposées sans ordre.

---

[1] *Ueber den Bau der Echinodermen,* 1854, p. 79.

Dans l'espace périnerveux (pl. IX, fig. 1, *n*), l'anneau nerveux a la forme d'une bandelette verticale ; mais ses rayons sont horizontaux. Nous avons dit que chaque branche s'incline pour passer à travers l'orifice de l'ossicule discoïde au bord duquel est situé l'anneau. Sa marche dans cet endroit est ascendante. Dans notre figure (pl. X, fig. 1), nous avons représenté le point d'où part le nerf. Cette figure présente l'intérieur de l'extrémité d'un bras ; nous avons enlevé la partie calcaire qui s'y trouvait pour montrer plus nettement la situation des parties. Dans cette figure le système nerveux est représenté, comme dans toutes les autres, en noir foncé. On y voit la branche brachiale qui suit une marche verticale jusqu'à la partie ventrale du bras ; là elle se recourbe en devenant horizontale. L'anneau aquifère (pl. X, fig. 2, *aa*, *n*) est en dehors de l'anneau nerveux, et par suite ses branches, passant par le même orifice que le rayon nerveux, se trouvent dans toute leur longueur en dehors et au-dessus de ces derniers.

Le point (pl. IX, fig. 1, *o*) où le rayon nerveux et le vaisseau aquifère se réfléchissent pour devenir horizontaux est particulièrement important, comme nous l'avons signalé à propos du système circulatoire ; c'est par ce point que le liquide périviscéral peut venir jusque dans l'*espace périnerveux*. Une injection faite dans la cavité entourant l'anneau nerveux passe par cet endroit et remplit le grand espace *péristomacal*.

D'après cette courte description on comprend que dans une coupe transversale du-bras, coupe passant au travers d'un ossicule discoïde, on trouve dans la rainure ventrale de celui-ci, tout au fond (pl. VIII, fig. 3, *v*, *a*, *n*, et pl. X, fig. 5), le vaisseau aquifère, et au-dessus de lui, au contact des plaques ventrales, la branche nerveuse. E. Baudelot, dans le mémoire dont nous avons parlé, donne une description très exacte de la distribution ; ayant suivi ses conseils pour la dissection, nous croyons devoir la citer : « Pour quiconque veut arriver à se faire rapidement une idée nette de la disposition du système nerveux des Echinodermes, les Ophiures me paraissent devoir être choisies de préférence à tout autre type. » L'auteur, en écrivant cette phrase, avait en vue la belle espèce de la Méditerranée : l'*Ophioglypha lacertosa ;* mais chez les Ophiothrix la chose ne présente pas les mêmes facilités.

« Pour arriver à voir bien distinctement les parties dont nous venons en quelques mots de tracer la description, il faut plonger pendant vingt-quatre heures l'animal dans un bain acidulé (une partie d'acide azotique pour cinq parties d'eau environ). Au bout de ce temps, le tissu de pièces calcaires se trouve complètement ramolli, et la dissection peut être poursuivie avec la plus grande facilité. Pour mettre à nu le bras, il suffit d'enlever avec précaution la membrane qui recouvre la rainure ventrale ; à l'aide d'une loupe on aperçoit alors le cordon nerveux, sous l'aspect d'un cordon blanchâtre, aplati, assez résistant, parfaitement isolable, et d'où partent symétriquement, à droite et à gauche, des filets destinés aux tentacules. Pour découvrir l'anneau nerveux circumbuccal, il suffit de suivre jusqu'à la base des rayons le cordon nerveux brachial ; on arrive ainsi jusqu'à l'anneau, que l'on peut ensuite isoler aisément, dans toute son étendue, en enlevant avec précaution la peau qui couvre le disque buccal. »

Une description si juste est passée inaperçue par les auteurs dont nous avons cité les noms.

Si l'on regarde du côté ventral, le cordon nerveux du bras se présente sous une forme aplatie (pl. X, fig. 5), mais il n'en est pas ainsi du côté opposé qui regarde le vaisseau aquifère, c'est-à-dire du côté dorsal.

Nous avons signalé, à propos du système vasculaire, une description de M. Simroth où il était dit que le nerf contribue à la formation des parois du vaisseau radiaire. Nous avons expliqué comment l'espace radial est indépendant des autres.

En effet, le cordon nerveux a une forme singulière du côté du vaisseau aquifère. Si l'on pratique une coupe transversale, on verra que le cordon se présente sous la forme concavo-convexe ; convexe du côté des plaques ventrales, concave intérieurement. Seulement, au milieu de la grande concavité on en distingue encore une plus petite. Si l'on regarde ce côté sous le microscope, à un faible grossissement le cordon brachial, cette petite concavité se présente sous la forme d'une ligne beaucoup plus transparente que les deux latérales : c'est un sillon creusé au milieu du cordon.

La forme du cordon n'est pas régulière (pl. X, fig. 3) ; il présente de distance en distance des renflements, qui ne correspondent pas avec les points d'où naissent les nerfs. Nous expliquerons plus loin à quoi est due cette disposition. Nous avons vu que l'anneau aquifère donnait deux rameaux directs qui allaient aux tentacules. L'anneau nerveux, au contraire, ne donne aucune branche secondaire. Mais les cordons des bras, dès leur naissance, donnent, de chaque côté, deux branches qui ont une destination différente. La supérieure se dirige vers le premier tentacule. En arrivant près de lui, elle se bifurque, et les deux branches de la bifurcation entourent l'extrémité du tentacule et s'anastomosent du côté opposé, de manière à former un cercle complet. La distribution du nerf aux parois des tentacules n'est prouvée que par le fait physiologique de leur contractilité.

L'observation ne donne aucun renseignement à cet égard. Il est vrai que MM. Simroth[1] et Teuscher[2] montrent une distribution nerveuse dans les tentacules, mais l'étude histologique des cellules nerveuses que nous décrivons, et auxquelles nous attribuons une telle valeur, ne correspond pas avec celles de ces auteurs.

Les branches inférieures se dirigent vers les muscles qui unissent ensemble les pièces buccales.

M. Teuscher, avec sa méthode de durcissement et de coupes, décrit quatre branches, passant à travers les muscles et dont la provenance doit être attribuée à l'anneau nerveux.

M. Ludwig[3], depuis, démontra qu'aucune branche ne provenait de l'anneau même.

Avant d'arriver au bras, c'est-à-dire avant de se courber et de prendre la direction horizontale, le cordon donne encore deux paires semblables qui se distribuent de la même manière.

M. Ludwig prétend qu'à ce point le cordon donne une branche qui, à son tour, en donne cinq autres aux parois des bourses (sacs respiratoires).

Nous n'avons pas pu vérifier cette observation, nous croyons que des tractus de tissu conjonctif ont été pris par lui pour des nerfs. Nous insistons sur ce point, parce que, après avoir traité les animaux par l'acide azotique, l'ensemble du système nerveux est tellement évident, que je ne crois pas qu'ils eussent pu échapper à mes investigations.

Dans le bras, en face de chaque ossicule discoïde, naissent du cordon deux nerfs, qui se distribuent de la même manière.

M. Teuscher[4] prétend qu'il existe une communication de ce système avec l'extérieur. Son affirmation repose sur des injections faites du côté ventral par les angles buccaux chez l'*Ophiothrix fragilis*

---

[1] *Loc. cit.*, p. 469-475, pl. XXXIII, fig. 28.
[2] *Loc. cit.*, p. 275-276, pl. VIII, fig. 7, 13 et 15.
[3] *Loc. cit.*, p. 357.
[4] *Loc. cit.*, p. 276.

(*versicolor*). Nous avons répété la même expérience sur des animaux de la même espèce, mais vivants, et jamais nous n'avons vu le liquide arriver jusqu'à l'anneau nerveux.

B. — *Histologie.*

La partie que nous décrivons sous le nom de *système nerveux* a une grande épaisseur, et par rapport à l'animal, comparé aux autres organes, est assez considérable. La question est de savoir si toute cette partie est du tissu nerveux.

J. Müller, qui décrit ce système, admit cette opinion. MM. Teuscher et Simroth, dans leurs mémoires, ont admis les idées de Müller. M. Lange[1], au contraire, combattit cette opinion en considérant une partie de la bandelette comme appartenant aux téguments. M. Ludwig[2], récemment, est revenu sur le même sujet, en admettant, comme Müller, que l'ensemble est du tissu nerveux. C'est en nous trouvant en face de ces différentes opinions que nous avons entrepris l'étude de ce système. Et, comme nous n'avons pas cessé de le répéter, c'est en étudiant ce système chez les animaux frais et conservés, qu'on aperçoit clairement quelles sont les modifications apportées dans les tissus par les diverses méthodes de conservation.

Les parties qui, à l'état frais, possèdent des caractères distinctifs et ne peuvent se confondre, forment à l'état de conservation un tout homogène, qui, si l'on n'est pas prévenu, peut en imposer aisément.

Nous en avons la preuve dans les descriptions de MM. Teuscher, Simroth, Lange et Ludwig, et surtout dans leurs dessins. Plusieurs couches distinctes sont représentées confondues, et chacune a servi suivant les exigences de l'auteur.

Prenons la description de M. Ludwig et surtout son dessin, parce que c'est lui qui résume les travaux de ses prédécesseurs et expose les dernières connaissances acquises.

La figure 16 de la planche XV représente deux couches : une cellulaire ventrale, composée de cellules rondes, avec un petit noyau, et une autre dorsale fibrillaire. Cette seconde, par rapport à la première, est trois fois plus épaisse.

Si, à présent, ces points étant déterminés, par une marche rétrograde, nous regardons les figures des autres auteurs, nous voyons chez

---

[1] *Beiträge zur Anatomie und Histologie der Asterien u. Ophiuren. Morph.*, Jahrb. III, p. 451-452.

[2] *Loc. cit.*. p. 357.

M. Lange (pl. XVII, fig. 15 et 16), représentées de véritables cellules nerveuses avec leurs noyaux et des filaments, et situées du côté dorsal.

M. Simroth (pl. XXXIII, fig. 28) représente par endroits la couche cellulaire, comme formée par une plus grande accumulation de cellules, et y voit des ganglions.

Si nous regardons à l'état frais un cordon brachial après l'avoir enlevé, nous le voyons composé d'un amas de cellules rondes avec un gros noyau, d'une couleur brune ; çà et là, nous distinguons des formes rappelant les cellules nerveuses et ressemblant aux figures de M. Lange. Mais il n'est pas possible de nous tromper. Ces formes n'ont rien de commun avec le cordon. Si nous traitons par la potasse, tout disparaît : c'étaient donc des parties appartenant au tissu musculaire qui attachent le cordon aux parois, et en même temps forment sa propre enveloppe.

Ces parties, quand elles sont colorées par le carmin, présentent des cellules possédant un noyau. Mais nous avons signalé cette particularité bien connue, propre au tissu conjonctif des Echinodermes. Non seulement dans cette partie, mais dans toutes les enveloppes des organes on peut distinguer les mêmes apparences. Nous avons plusieurs préparations du tissu de l'intérieur du corps qui montrent l'exactitude des faits énoncés.

Les débris du tissu conjonctif qui peuvent prendre une apparence rappelant les cellules nerveuses dans une préparation faite sur des objets conservés, possèdent, à l'état frais, le caractère essentiel de leur origine. Il reste encore à étudier l'amas cellulaire, qui paraît constituer entièrement, à première vue, le cordon.

Evidemment ces cellules n'ont rien de l'apparence des cellules nerveuses. Leur contour est entièrement circulaire (pl. X, fig. 4, *cb*, et 6)[; elles possèdent un gros noyau au milieu. Leur coloration est brune. Ce sont ces cellules qui donnent la coloration brune au cordon, coloration qui est signalée, dans les ouvrages d'histologie, comme due à un pigment particulier du système nerveux des Echinodermes.

Nous avons essayé, par des injections faites au moyen de l'acide osmique sur des animaux vivants, de fixer les éléments; après les opérations nécessaires pour le durcissement préalable, nous avons pratiqué des coupes transversales. Cette étude nous a donné les résultats suivants.

La bandelette qui suit le trajet indiqué plus haut, se compose de deux couches entièrement distinctes.

Une couche cellulaire (pl. X, fig. *4, cb* et *n*), correspondant à la partie supérieure par rapport au bras et inférieure par rapport à l'anneau central. L'épaisseur de cette partie par rapport à la seconde est trois fois plus grande. Les cellules se présentent, sous une forme plus ou moins allongée, agglomérées entre elles ; leur apparence rappelle les cellules pigmentaires des Batraciens. A la limite externe de la région de ces cellules on rencontre, de distance en distance, de grosses cellules avec un petit noyau. Nous donnons deux de ces cellules dans notre dessin (pl. IX, 4, *m*, *m*). Quelles peuvent être les fonctions de ces cellules ? Ne doivent-elles pas avoir un rôle de sécrétion ? La chose est possible, mais difficile à établir. Les procédés d'investigation chez les animaux inférieurs ne permettent pas encore de chercher les fonctions physiologiques de certaines parties. Dans cet ensemble de cellules on ne rencontre ni fibres ni spicules pouvant être considérés comme une partie tégumentaire, ou plutôt comme une enveloppe protectrice de la partie nerveuse.

La seconde partie (pl. X, fig. 4 et 5, *n*) est très minime, par rapport à la précédente ; elle est située, ou plutôt paraît être limitée, dans la petite concavité signalée par nous au milieu de la grande concavité, formée par les bords recourbés de la bandelette.

Cette seconde couche est composée de fibrilles extrèmement ténues au milieu desquelles on aperçoit des cellules bipolaires petites ; c'est à peine si elles mesurent quelques millièmes de millimètre de diamètre ; leur noyau est clair ; leur protoplasma offre une coloration grisâtre. Leurs parois sont à peine distinctes.

E. Baudelot écrit dans le mémoire cité : « Dans les Ophiures, comme dans les Echinus, j'ai vu le cordon nerveux composé d'un faisceau de fibrilles revêtu extérieurement d'une couche épaisse de petites cellules. »

Dans cette description, qui correspond exactement à la nôtre, la couche externe de cellules est bien décrite. Seulement l'auteur ne signale pas les cellules qui sont éparses au milieu des fibrilles. Telle est la structure intime de l'anneau et du cordon brachial. Différents auteurs sont allés dans leur description jusqu'à signaler des accumulations cellulaires et de véritables ganglions.

Nous avons signalé la présence de renflements du côté des cordons brachiaux (pl. X, fig. 3), mais l'observation montre que ces renflements ne correspondent pas au point où naissent les nerfs, c'est-à-dire en face des ossicules discoïdes, mais aux intervalles de ceux-ci. Les renflements sont donc placés dans les espaces intermédiaires aux ossicules, espaces occupés par le tissu musculaire. Ils ne sont pas dus à une accumulation de cellules nerveuses, mais sont formés exclusivement aux dépens de la portion non nerveuse du cordon, qui a trouvé dans ces points, où elle est environnée de parties molles, la place nécessaire pour se développer.

Telle est, sous tous ses rapports, la bandelette considérée par les auteurs comme formant le système nerveux. Rappelons encore ici les réflexions de E. Baudelot à ce propos : « L'étude de la structure intime, qui en pareille circonstance semblerait devoir fournir de précieux renseignements, demeure elle-même tout à fait insuffisante pour dissiper l'incertitude. Pour qu'il en fût ainsi, en effet, il faudrait qu'il y eût toujours possibilité de déterminer avec certitude si une cellule ou une fibre donnée est ou n'est pas de nature nerveuse. Or, à mon avis, cette possibilité n'existe pas. Quand une cellule ou une fibre est prise dans un organe nerveux bien déterminé, il est facile d'ordinaire de décider quelle est sa nature, bien que dans certains cas cependant, à l'égard de certains éléments des centres nerveux des vertèbres par exemple, l'hésitation puisse encore avoir lieu. Mais s'il s'agit de cellules et de fibres prises dans un organe de nature douteuse, comme l'est celui des Echinodermes, de cellules et de fibres ayant perdu en outre ce caractère distinctif qu'elles possèdent ailleurs, alors je réponds, sans hésiter, que ces espérances fondées sur l'histologie pour trancher la question sont, sinon illusoires, du moins fort hasardées. Personne, que je sache, n'a encore établi d'une manière quelque peu certaine que les fibres, que les cellules de cordons nerveux des Echinodermes sont bien des fibres nerveuses des cellules nerveuses et pas autre chose. »

M. Léon Frédéricq [1] a démontré par des expériences physiologiques que, chez les Echinides, cette partie doit être de nature nerveuse.

La structure histologique de ce tissu chez les Ophiures étant presque la même que chez les Echinides, et la série des expériences indiquées par lui : mutilation des bras, excitation par l'électricité du cordon nerveux, donnant les mêmes résultats chez les Ophiures,

----

[1] *Contribution à l'étude des Echinides* (*Arch. de zool. exp.*, t. V, 1876, p. 429-439).

nous nous croyons en droit d'appliquer aux Ophiures les conclusions qu'il a tirées de ses expériences chez les Echinides.

VII. ORGANES DE LA GÉNÉRATION.

La séparation des sexes chez les Ophiures est la règle générale. Nous n'avons qu'un seul exemple d'hermaphrodisme, l'*Amphiura squamata* (espèce vivipare). La coloration des organes peut presque toujours servir comme caractère distinctif des sexes. Même extérieurement, en regardant les intervalles des bras du côté ventral, on peut reconnaître si l'on a affaire à un mâle ou à une femelle.

La coloration des glandes qui ont pour fonction de produire des spermatozoïdes est généralement blanche, ou à peine rose. Celle des ovaires est ou rouge intense ou orangée. Leur structure intime présente quelques différences suivant les genres, quelquefois même suivant les espèces.

Pour se faire une idée juste de la position et des rapports des glandes, le meilleur moyen est de disséquer l'animal dans sa position naturelle, c'est-à-dire la bouche en bas. Il faut, avec beaucoup de précautions, enlever les téguments dorsaux et le tube digestif.

Dans notre dessin (pl. VII, fig. 9) qui représente la disposition des organes chez l'*Amphiura filiformis*, on voit quelle est leur disposition générale.

L'ensemble est composé de dix groupes glandulaires, entièrement indépendants, situés juste au-dessus de chaque fente brachiale. Chaque groupe se compose d'un certain nombre de glandules, dont le sommet se trouve du côté intérieur et le pédoncule du côté de la fente.

Au premier abord on croirait à une disposition irrégulière, mais il n'en est pas ainsi. Les pédoncules des glandules sont rangés de manière à entourer complètement la fente, une partie est alignée du côté du bras et l'autre du côté opposé. Si nous regardons cette disposition chez l'*Ophioglypha albida*, nous voyons une différence. Là les glandules sont rangées par lignes longitudinales, sur toutes les parties du sac respiratoire correspondant. Ainsi il arrive que ce sac, prenant chez ces genres un développement considérable, les glandes remontent jusqu'au côté dorsal, par-dessus le tube digestif (pl. VII, fig. 2, *gg*, et IX, fig. 3).

Cette particularité est bonne à noter. M. Ludwig a prétendu que les glandes ne se rencontrent jamais du côté dorsal. Evidemment l'existence de glandes génitales du côté dorsal est une preuve contre sa théorie circulatoire, son second cercle aboral ne donnant de vaisseau qu'autour de fentes.

C'est surtout en examinant le genre *Ophioglypha* et particulièrement les espèces *albida* et *Sarsii*, chez lesquelles se rencontre cet accolement intime des glandes génitales sur les sacs respiratoires, que M. Ludwig fut conduit à appeler ces organes *bourses*.

Une autre particularité qui a aussi sa valeur au point de vue du système circulatoire tel que l'a décrit M. Ludwig, c'est la disposition des organes génitaux chez l'*Ophiocoma nigra*. Nous donnons une figure (pl. VII, fig. 8) représentant cette disposition. A côté d'un bras les glandules rangées en deux lignes, une du côté du bras, l'autre du côté opposé, sont retenues en place par des fibres de tissu conjonctif. Chez cette espèce on ne remarque pas la même disposition que chez l'*Amphiura filiformis*, par rapport aux sacs respiratoires. M. Ludwig, qui nous donne dans son mémoire une figure schématique de ces organes assez ressemblante chez cette espèce, a négligé de nous signaler que les sacs respiratoires viennent se placer au-dessus des organes de la reproduction ; et quand on procède d'après la méthode indiquée, en disséquant l'animal du côté dorsal, il faut enlever non seulement les téguments et le tube digestif, mais aussi les sacs respiratoires, pour voir les glandes. Ainsi cette disposition prouve la parfaite indépendance des organes génitaux, et le peu de relations existantes entre eux et les sacs respiratoires. D'autre part, cette disposition met ces organes en relation directe avec le milieu ambiant.

Chez cette espèce, le mode de distribution des vaisseaux et des nerfs *bursaux*, décrit par M. Ludwig, ne peut exister ; car les organes génitaux et les bourses (sacs respiratoires) étant parfaitement indépendants, puisqu'il n'existe, d'après cet auteur, que dix nerfs et dix vaisseaux, si ces nerfs et vaisseaux se distribuent aux dix bourses, les organes génitaux en sont privés ; si, au contraire, ils se distribuent aux dix glandes génitales, les sacs respiratoires en sont nécessairement dépourvus.

Cela montre le danger que l'on court en voulant étendre à toute une série d'animaux une théorie, sans chercher à la contrôler chez tous. Souvent les faits mêmes viennent contredire les suppositions.

Continuant toujours la description de l'aspect extérieur, nous remarquons d'autres particularités chez les Ophiothrix. Dans ce genre, nous ne distinguons plus de glandules, mais une seule glande située au-dessus de la fente. Nous donnons un dessin de cette disposition (pl. VII, fig. 6, *g.*, et 7). Les glandes font saillie dans les intervalles des bras, ce qui donne l'apparence pentagonale au disque de ces animaux.

La forme de chaque glande en particulier rappelle une corne de bélier. Cette disposition toute particulière des Ophiothrix caractérise leur genre.

Une autre disposition particulière aussi est celle de l'*Amphiura squamata*, mais nous réservons son étude pour le moment où nous traiterons de son développement.

La structure intime de glandules présente aussi quelques diffé-rences.

Si nous prenons comme exemple l'*Ophiocoma nigra*, nous aperce-vons une différence de structure, chez les mâles et les femelles, en-tre les différences de coloration et de forme.

Les glandes mâles (pl. VII, fig. 11) sont composées de glandules dont la partie libre est composée d'une série de ramifications. Les glandes femelles, au contraire, sont composées de tubes simples, sans ramifications.

Chez l'*Amphiura filiformis*, les deux sexes ne montrent pas de dif-férence dans la structure extérieure. C'est une série (pl. VII, fig. 9, *gg*) de tubes renflés à leur partie libre en forme de massue, à l'extré-mité de laquelle on remarque presque toujours, dans cette espèce, une tache noire.

Chez les *Ophioglypha albida* et *lacertosa*, la disposition est la même, seulement les glandules sont un peu plus petites chez ces espèces.

HISTOLOGIE.

La structure intime des glandes est des plus simples. A première vue, on croirait que les produits génitaux naissent librement à l'in-térieur.

Chaque glandule (pl. VII, fig. 10 et 12) est composée de quatre ou cinq cellules mères, qui, à leur tour, contiennent chacune quatre ou cinq œufs. Le tout est enveloppé par cette variété de tissu con-jonctif propre aux Echinodermes ; on y distingue les granulations caractéristiques.

Si l'on étudie une glande mâle, on voit qu'elle est (pl. VII, fig. 11)

5

composée d'une couche extérieure de tissu conjonctif, et d'une couche intérieure ciliée. Cette couche intérieure doit avoir la propriété de sécréter les spermatozoïdes.

L'évacuation des produits se fait par déhiscence, directement à l'extérieur, par les fentes génitales. Sur ce point, actuellement, n'existe aucun doute ; il est inutile d'insister davantage. Jamais tout le contenu des glandes ne se déverse au dehors.

Comment se fait la nutrition des glandes? Pour celles qui sont à l'intérieur et en contact direct avec la cavité, la chose est facile à comprendre, puisqu'elles baignent dans le liquide de la cavité générale. Mais chez l'*Ophiocoma nigra,* où elles sont en rapport direct avec l'extérieur, les pédoncules de leurs glandules étant attachés sur la paroi latérale du bras, la nutrition ne se fait plus d'une manière aussi directe. Les éléments recoivent les liquides nourriciers de l'espace environnant par imbibition de proche en proche.

L'opinion de M. Ludwig qu'un espace périhémal existe dans chaque glandule entre ses deux parois n'est pas soutenable ; cet auteur appuie son opinion sur l'apparence spéciale de glandes avant l'état de maturité.

Cette apparence est due simplement à ce que les œufs étant encore peu développés dans les cellules mères, celles-ci laissent un vide entre elles et la paroi générale. Sans aucun doute, toute la paroi extérieure doit servir à la nutrition des glandes. Nous parlerons de leurs produits dans les chapitres suivants, où nous traiterons du développement.

SECONDE PARTIE.

DÉVELOPPEMENT.

VIII

Nous possédons, sur l'embryologie des Echinodermes, un grand nombre de travaux dont la plupart ont une réputation classique dans la science, grâce à la valeur scientifique et la grande autorité de leurs auteurs.

Après MM. Müller, A. Agassiz, E. Metschnikoff, si nous venons parler de l'embryologie des Ophiures, ce n'est pas pour réfuter leurs observations, mais pour ajouter certains détails qui leur ont échappé et compléter ainsi l'ensemble de leurs remarquables travaux.

En embryologie, comme en anatomie, on a cherché à appliquer aux Ophiures les faits observés chez les autres ordres d'Echinodermes, surtout aux premiers débuts de leur développement.

Ayant à notre disposition, grâce à l'installation favorable du laboratoire de Roscoff, tous les moyens pour pouvoir élucider ce point, nous donnons les résultats obtenus qui diffèrent sur plusieurs points de tout ce qui est généralement admis.

Cette partie de notre travail s'adresse à deux espèces d'Ophiures, l'*Ophiotrix versicolor*, espèce ovipare, et l'*Amphiura squamata*, espèce vivipare.

En étudiant séparément ces deux espèces, nous sommes arrivés à constater un fait auquel nous ne nous attendions pas, à savoir qu'il y a dans les premiers débuts du développement une grande analogie entre les ovipares et les vivipares, et cela nous a permis de généraliser les observations que nous avons faites.

Nous commencerons par l'étude de l'*Ophiothrix versicolor*.

Dans la première partie de ce travail, nous avons donné les raisons pour lesquelles cette espèce devait être séparée de l'*Ophiothrix rosula*. A côté de ce nom, dans plusieurs ouvrages antérieurs à la monographie des Ophiurides et Astrophytides de M. Théodore Lyman, on trouve le nom d'*Ophiothrix fragilis* appliqué à ces deux espèces. J. Müller même, dans ses études embryologiques, nous donne une description du Plutéus de cette espèce.

Mais cet illustre savant a plusieurs fois attribué des Plutéus à des espèces auxquelles ils n'appartenaient pas, s'appuyant seulement sur ce que ces espèces sont communes dans les eaux où abondaient les Plutéus.

Aussi des erreurs se sont glissées dans son travail. Pour n'en citer qu'une, le *Pluteus bimaculatus*, observé par lui à Trieste en 1850, était considéré comme l'état larvaire de l'*Ophiolepis* ou *Amphiura squamata*. M. de Quatrefages[1] pourtant, huit ans avant ces observations, avait signalé la viviparité de cette espèce.

Ainsi, aujourd'hui encore, on ignore à quelle espèce doit être attribuée cette forme larvaire. Il est aussi à remarquer, point sur lequel nous allons longuement insister, que, dans la même espèce, tous les Plutéus ne présentent pas la même forme. Si l'on n'était pas prévenu, c'est-à-dire si l'on n'avait pas suivi le développement, on pourrait considérer ces différentes formes comme appartenant à des différentes espèces.

Sans mettre en doute un seul instant l'exactitude des observations de Müller, nous prétendons que ces descriptions se rapportent à d'autres espèces d'Ophiures que celles qu'il a supposées.

Il est aussi difficile de déterminer, sans se tromper, l'espèce d'après le jeune âge. Un exemple suffit. Müller et Troschel ont établi le genre Ophionyx, ayant en vue de jeunes Ophiothrix; le premier, plus tard, reconnut son erreur.

Tous ces préliminaires sont certainement nécessaires pour expliquer quelle est l'espèce qui a servi à notre étude.

L'époque de la ponte des Ophiures n'est pas bien déterminée. Entre les espèces vivant au large et celles de la côte, les différentes conditions de vie doivent déterminer des particularités en ce qui concerne l'époque de la reproduction.

Chez les Oursins, depuis les temps les plus reculés, il est connu des peuples qui s'en sont servi comme aliment, que ces animaux sont pleins pendant les pleines lunes[2].

On ne peut pas prétendre à une régularité de ponte correspondant avec les mois lunaires, mais il est incontestable qu'il existe quelque chose de pareil.

Pour les Ophiures, on remarque de même que les espèces de la

---

[1] *Comptes rendus de l'Académie des sciences*, XV, p. 799, 1842.
[2] ARISTOTE, *Historia animalium*, liv. V, chap. x.

côte, à des époques qui correspondent plus ou moins avec les grandes marées, sont en plein état de reproduction.

Pendant quatre mois de résidence à Roscoff, depuis le mois de mai jusqu'au mois de septembre, régulièrement nous avons été témoin de ce fait. Celles du large, malgré des essais nombreux opérés, paraissent ne se reproduire qu'à des époques fixes, au printemps et à l'automne.

Dans les deux cas, la fécondation artificielle est impossible, du moins nos essais sont restés infructueux. Ainsi nos observations ne se rapportent qu'à des fécondations [naturelles obtenues dans les aquariums du laboratoire de Roscoff.

Les organes génitaux des Ophiothrix sont composés de dix masses glandulaires, en rapport avec les fentes génitales ; les produits de la génération, sans aucun doute, se déversent directement au dehors. Les œufs pondus à l'état mûr sont bien séparés les uns des autres.

L'élément mâle ressemble à un liquide lacté qui, examiné au microscope, se montre plein de spermatozoïdes.

La ponte a lieu à intervalles successifs, les produits s'évacuent en plusieurs fois ; jamais pourtant le contenu ne se vide tout entier.

Les causes de la non-réussite de la fécondation sont faciles à comprendre ; presque tous les premiers phénomènes, qui se passent dans l'œuf jusqu'à sa complète maturité, se passent dans l'intérieur des ovaires. Ainsi les œufs prématurément arrachés ne sont pas aptes à être fécondés ; de même, peut-être aussi, les spermatozoïdes ne sont pas encore suffisamment mûrs.

Les œufs dans l'ovaire, avant la ponte, présentent une grande vésicule germinative, renfermant une tache germinative qui occupe une place excentrique ; très facilement, au microscope, on distingue autour de la vésicule germinative une couche de substance vitelline plus transparente que le reste de vitellus. Sauf sa parfaite transparence, seul caractère qui la distingue au milieu de la masse environnante, cette couche ne paraît pas avoir de membrane limitante.

La tache germinative ou noyau repose au milieu de cette masse, réfractant fortement la lumière et contenant une ou deux vacuoles.

Le vitellus de l'œuf renfermé dans l'ovaire est entouré d'une couche transparente incolore, qui s'épaissit à l'approche de la maturité.

Dans cet état, les œufs sont enveloppés d'une membrane extérieure, qui, par sa structure, appartient au tissu conjonctif.

Les œufs pondus ne présentent plus cette couche extérieure, mais seule la couche transparente appelée par Baer *Oolème pellucide* (nom remis dans la science par M. H. Fol). Cette couche se montre alors avec une grande épaisseur. A ce moment toutes les métamorphoses de la vésicule germinative sont déjà opérées ; il faut donc être servi par un heureux hasard pour tomber sur des animaux présentant en différents états la série des modifications, pour arriver à suivre la marche de cet intéressant phénomène.

Nous commençons notre étude au moment où les œufs sont déjà pondus, c'est-à-dire aptes à recevoir le liquide fécondateur.

Considéré à ce moment, l'œuf présente une enveloppe extérieure transparente ; l'intérieur est rempli d'une substance vitelline granuleuse, d'une couleur brunâtre ; on distingue bien la place de la tache germinative comme un cercle transparent irrégulier, sans aucune trace de noyaux à l'intérieur.

J'ai pu observer chez certains œufs, mais je n'ai pu assister à l'expulsion, des vésicules polaires ; leur disposition ressemblait à une proéminence conique.

Notre unique désir étant de connaître exactement les premiers débuts du développement, nous retracerons avec détail la série des phénomènes accomplis.

Nous nous sommes servi des aquariums du Laboratoire pour établir les expériences.

Les *Ophiothrix versicolor* récemment pêchées et mises dans l'aquarium, après deux ou trois heures commençaient à pondre.

Enlevés avec une pipette immédiatement après la ponte, les œufs pondus étaient mis dans un grand bocal plein d'eau fraîche. Dans un autre bocal nous mettions les mâles, desquels nous voyions échapper le liquide séminal. En un instant, l'eau prenait une coloration lactée opaque. Une seule goutte de ce liquide suffit pour féconder des œufs mûrs ; c'est à peine si l'eau du bocal qui contenait les œufs se troublait par l'addition du liquide séminal.

Les animaux, après la ponte, semblent pris d'un malaise ; si on les laisse vivre au milieu de l'eau rendue trouble par le liquide séminal, ils restent immobiles. Le changement de l'eau leur rend leur vivacité.

Des œufs qui ont séjourné dans le liquide séminal se présentent quelques instants après le contact entourés d'innombrables spermatozoïdes, qui paraissent accolés par leur tête et qui déterminent, par le mouvement ciliaire de leur appendice caudal, une espèce de rotation. Cette particularité de disposition des œufs montre que l'*Oolème pellucide* est pourvu d'une substance visqueuse extérieure, qui a la propriété de retenir les spermatozoïdes.

Pendant les sept premières heures, depuis la mise en contact des œufs avec le liquide séminal, aucun changement ne se présente dans l'œuf. C'est après la septième heure, comme nous nous en sommes assuré pendant les trois fois où la fécondation a réussi, que se révèlent les premiers indices de segmentation.

Une partie du protoplasma de l'œuf semble venir se condenser au centre de la sphère vitelline ; ainsi se forme une partie plus dense, qui bientôt se partage en deux. Les deux masses paraissent d'inégale grandeur, toujours une des deux présente des proportions considérables par rapport à l'autre (pl. XI, fig. 3). L'enveloppe extérieure se distingue bien seulement aux endroits qui séparent les deux masses. Le passage vers le stade suivant (pl. XI, fig. 4, 5, 6, 7) se fait graduellement, on peut l'observer facilement. Le premier phénomène, c'est une petite incision centrifuge de la plus grande masse, qui finit par se diviser entièrement en deux parties ; la même chose a lieu chez l'autre, et, de la sorte, quatre masses sont formées, qui ne présentent plus ces différences de grandeur des deux masses primitives.

Il est à remarquer que dans ce stade, pas plus que dans le précédent, on ne distingue de noyaux particuliers à chaque masse, leur structure paraît être homogène. Le passage vers les stades (5 et 6) de notre planche se suit d'une manière régulière ; seulement, on peut remarquer que les masses de segmentation prennent une disposition rayonnante. Le stade (7) de segmentation est encore régulier. Toutes les masses par leur ensemble et leur disposition forment une sphère régulière. Mais le point le plus intéressant, c'est que les segments qui forment ce stade se placent à la périphérie de la sphère, laissant au centre un espace intérieur creux.

Dès cet instant, le blastoderme est formé. L'œuf se transforme en un corps indépendant et libre, il peut changer de place et mener une vie libre. Par un phénomène qui certainement n'est pas propre aux Ophiures, ces cellules embryonnaires périphériques acquièrent des cils vibratiles qui agissent comme organes de locomotion. Les faits que nous avons observés s'élèvent contre l'hypothèse généralement admise d'une invagination, considérée comme étant le cas habituel chez les Echinodermes. Nous sommes très étonné de voir M. Balfour [1], dans son ouvrage récent de l'*Embryologie des Invertébrés*, admettre cette hypothèse. Voici, du reste, ses propres paroles : « Le début du développement des Ophiurides n'est pas si complètement connu que celui des autres types, les premiers stades libres n'ont pas été décrits, mais j'ai observé sur l'*Ophiothrix fragilis* que la segmentation est uniforme et suivie de l'invagination normale. L'orifice de celle-ci persiste sans doute comme anus, et probablement aussi deux diverticules en naissent pour former les vésicules péritonéales ; chacune de celles-ci se divise en deux parties, une antérieure située près de l'œsophage, une postérieure près de l'estomac. »

Ce passage prouve de la manière la plus évidente que le jugement de M. Balfour repose sur de simples probabilités de ressemblance avec le type Holothurie, dont l'embryologie lui sert comme plan général de tous les Echinodermes. Nous manquons de figure de l'invagination à laquelle il fait allusion par un seul mot dans ce passage. Nous ignorons ce qui arrive chez les autres Ophiures, mais nous pouvons dire que nous n'avons jamais vu quelque chose de pareil chez l'*Ophiothrix versicolor*. Peut-être M. Balfour a-t-il obtenu des fécondations de l'*Ophiotrix rosula*, qui est plus abondante en Angleterre, et chez laquelle les choses se passent peut-être autrement que dans l'espèce que nous avons soumise à l'observation.

Depuis ce moment, on peut considérer que le premier état larvaire commence avec la vie libre. Ce changement important s'effectue vingt-quatre heures après le moment de la fécondation. C'est la forme *blastosphère*.

Le fait important de ce stade est la disposition des cellules. Les éléments qui résultent de la segmentation étant parfaitement arrondis, viennent se placer à la périphérie ; aucun des éléments ne quitte la surface pour venir pénétrer à l'intérieur.

Certainement, comme nous allons le voir plus loin, toutes les cellules doivent se diviser ensuite par un processus de *délamination*.

Les cellules complètement arrondies de ce stade passent à la forme du stade suivant, en devenant pyramidales. Au milieu, on distingue bien la *cavité de segmentation*. La forme sphérique de la blatosphère, après cette disposition des cellules, a changé d'aspect ;

---

[1] *A Treatise on Comparative Embryologie* by Francis. M. Balfour, vol. I, 1880, chap. xx, p. 457, 468 et 469.

nous n'avons plus une sphère, mais une forme cylindrique creuse à l'intérieur. Une coupe optique dans la planche XII, fig. 9, représente cet état. La partie supérieure de la figure est d'un diamètre plus grand que la partie inférieure ; entre les deux, on aperçoit un petit enfoncement.

C'est peut-être ce point que M. Balfour, qui n'a pas poussé très loin ses observations, a pris pour un commencement d'*invagination*. Il n'en est pourtant rien, la suite prouvera que ce point n'est que le premier indice de la formation des bras du Plutéus.

Pendant plus des dix premières heures du troisième jour après la fécondation, nous n'avons que cet état. Le mouvement ciliaire est extrêmement rapide, la rotation s'effectue suivant le grand axe du cylindre ; la partie la plus épaisse, à cause de son grand poids, se trouvant en bas.

A cette forme en succède, après la dixième heure, une autre qui est assez difficile à comprendre. Les cellules pyramidales, dont la forme était bien nette au stade précédent, deviennent plus petites et se rapprochent de la forme sphérique. La figure 10 présente ce stade. On voit que la partie supérieure est représentée par quatre couches de cellules, et l'inférieure par une seule. Cette partie correspond à l'enfoncement du stade précédent. Dans une coupe optique, on voit que l'intérieur de ces assises est tapissé d'une couche de cellules polygonales. Ces cellules n'occupent pas le centre, mais le dessus du plancher intérieur des cellules périphériques. Le fait le plus important de ce stade, c'est l'apparition de petits noyaux calcaires de forme étoilée.

Au moment de leur apparition, ils se présentent dans la couche des cellules polygonales, sous l'aspect de trois ou quatre corpuscules, étoilés qui se détachent très nettement dans le champ du microscope grâce à leur grande réfrangibilité. Bientôt, deux ou trois heures après, les différents noyaux s'unissent ensemble et forment deux baguettes. Dans la figure 10, nous avons représenté exactement leur place et leur forme primitive. Leur place est dans l'intérieur de la blatosphère et elles proviennent de la couche située entre les cellules polygonales et les cellules sphériques extérieures.

Cette apparition du squelette calcaire, est d'une importance majeure, c'est le point capital caractéristique des larves des Ophiures et qui sert de trait d'union entre les espèces vivipares et ovipares.

L'apparition de cette charpente calcaire, dont le rôle est provisoire, s'effectue avant la différenciation intérieure des organes, qui n'apparaissent qu'après un certain développement de celle-là.

Les baguettes sont bien indépendantes à ce moment; la même chose a lieu dans le stade suivant (le onzième), mais la forme générale de la larve change d'aspect, la forme définitive commence à se dessiner.

Dès ce moment nous pouvons nous servir, comme point fixe d'orientation de la disposition des tiges calcaires. Nous savons que leur allongement a lieu vers la partie qui portera les bras ; alors l'angle de l'ouverture correspond à cette partie.

Les figures 9 et 11 montrent bien ce passage ; la seconde présente une différenciation des cellules périphériques, et l'addition du squelette larvaire.

L'enfoncement qui était marqué d'un côté seulement est devenu bien visible de l'autre côté également. Si nous comparons ces deux stades avec le stade 10, nous voyons que la disposition des couches cellulaires, après un premier changement dont la conséquence était l'apparition du squelette calcaire, est revenue à la disposition première. C'est donc une division des cellules qui formaient les couches multiples. Ces cellules se sont transformées en cellules polygonales qui tapissent entièrement l'intérieur de la couche des cellules périphériques.

Jusqu'à ce moment (fin du troisième jour) nous n'avons remarqué aucune différenciation intérieure, sauf l'apparition du squelette larvaire.

Dès ce moment commence à se dessiner la forme larvaire définitive, qui ira en s'accentuant, et en même temps des formations internes marqueront des points importants.

La figure 12 présente le stade qui fait suite au précédent, il commence à paraître vers le quatrième jour, et quelquefois ne subit plus de modifications jusqu'au développement complet de l'animal.

On voit à ce moment que la cavité intérieure est occupée par une masse sur laquelle, non sans peine, on peut distinguer une apparence de différenciation cellulaire. Cette masse occupe le centre de la larve. Entre cette masse et les cellules polygonales on voit de petites masses ressemblant à des globules graisseux, qui se distinguent facilement à travers les parties périphériques, ordinairement très pâles.

La forme générale aussi a pris un autre aspect, les baguettes calcaires sont toujours internes, mais, à leur partie convergente, elles commencent déjà à présenter de petites pointes ; de même à leur milieu. La partie inférieure de la larve commence à s'aplatir.

Dans ce stade commence la différenciation des *feuillets ;* sans aucun doute, la masse cellulaire interne tire son origine des éléments deutéroplasmiques provenant d'une division interne des cellules et qui viennent se placer au centre.

Les globules graisseux qui remplissent l'espace entre la masse centrale et les parties périphériques ont la même origine.

Ce mode de formation des feuillets, qui n'est pas rare dans le règne animal, prouve qu'on s'est empressé de considérer le mode de développement des Echinodermes comme semblable chez tous. L'*Ophiothrix versicolor* n'est pas la seule espèce qui fasse exception à cette règle : l'*Amphiura squamata,* dont j'exposerai plus loin l'embryogénie, présente absolument les mêmes phénomènes.

Au stade 12 fait suite le stade 13, chez lequel commence une première différenciation des appendices natatoires, qui étaient à peine ébauchés au stade précédent.

La paroi externe est formée d'une seule couche de cellules, l'*ectoderme ;* sur sa face intérieure s'appuie le squelette larvaire de plus en plus accentué, la masse interne est plus nette ; c'est à ce stade qu'au milieu de la masse on remarque une sorte de bourrelet, qui entoure un espace plus clair que le reste, dont la coloration est brune. La larve est pourvue sur toute sa surface de cils vibratiles avec lesquels elle nage à la surface de l'eau.

La larve continue à marcher vers l'état le plus complet de son développement, c'est-à-dire vers la forme caractéristique connue sous le nom de *Pluteus.*

Dans les figures, la larve paraît avoir une forme aplatie ; il n'en est point ainsi, elle présente (fig. 14) un côté convexe et un autre concave. Généralement, dans le champ du microscope, les larves se placent du côté concave ; le côté convexe se voit en haut. C'est de ce côté qu'apparaît ce bourrelet entourant l'espace clair.

Si nous cherchons, par anticipation, à nous rendre compte de cette forme et à considérer cet ensemble comme une forme bilatérale, sans aucun indice de disposition rayonnante, le côté convexe représente la partie dorsale et le côté concave la partie ventrale.

Dans le stade suivant (15), qui se présente après le quatrième jour de la fécondation, nous voyons la forme bien connue de Plutéus.

Pourtant cette forme n'a pas bien le caractère de Plutéus décrits par les auteurs.

A ce moment, tout le développement extérieur est presque accompli, les modifications qui suivent intéressent son intérieur. Cette forme singulière ne continuera plus à s'augmenter, mais peu à peu à se dégrader, jusqu'au moment de sa disparition.

Cette forme ne présente que deux bras, et nous avons des raisons de prétendre que, jusqu'à la fin du développement de l'animal, il continuera à en être ainsi.

Dans la majorité des cas, ce n'est pas cette forme qu'on observe. Parmi un grand nombre d'œufs fécondés, c'est à peine si un dixième se présente sous cette forme. Les neuf dixièmes présentent une forme plus ou moins arrondie, qui continue à vivre, et dans laquelle nous avons suivi le développement complet de l'animal.

Ces cas, qui paraissent s'éloigner de la règle, ont une signification importante, car plusieurs de ces formes permettent une comparaison exacte entre les larves de vivipares qui manquent d'appendices particuliers, à cause de leur accroissement dans l'intérieur du corps de la mère.

Cette observation, à laquelle on ne pourrait arriver autrement qu'en suivant un développement depuis les premiers moments, évite beaucoup d'erreurs. En se trouvant en présence de ces différentes formes sans en être prévenu, on aura peine à savoir si elles appartiennent à une ou à plusieurs espèces.

En rapportant ces faits aux descriptions données par Müller sur les larves des Ophiures, nous reconnaissons facilement à quelle espèce elles doivent être attribuées. Ainsi le Plutéus brun [1] observé par lui à Trieste et qui est décrit comme il suit, n'est peut-être qu'un cas anormal semblable à celui que nous venons de décrire :

« M. le docteur Busch et Müller ont observé à Trieste une jeune larve d'Ophiure d'un brun clair ; cette larve avait la forme d'un cœur. L'origine des bandelettes calcaires s'observait déjà. Les extrémités supérieures des tiges calcaires dans le sommet de la larve étaient quelquefois simples ; chez d'autres, de même couleur et bourgeonnées, elles se divisaient en deux ou trois courts appendices. Les bras, pour la plupart, n'étaient pas encore développés ; les bras latéraux ne présentaient que de courts tronçons.

---

[1] J. MULLER, *Observations sur le développement des Ophiures*. Analyse C. Dareste, *Annales des sciences naturelles*, t. XX, 1853.

« Ici doit se rapporter probablement une autre larve, vue une seule fois à Nice. Le sommet proéminent entre deux angles du pentagone contient les tiges calcaires caractéristiques avec leurs nodules divisés. Deux seulement des bras de la larve étaient visibles ; ils étaient très courts et très épais, et indiqués seulement par l'existence de deux tiges calcaires dans le voisinage l'une de l'autre ; le tout était brun et opaque. Dans le dos de l'Etoile, le réseau calcaire était développé ; l'un des bras de la larve était recourbé par l'effet du développement de l'Etoile. »

Comme on le voit dans ce passage, Müller a vu le développement de l'animal dans une larve qui possédait seulement deux bras. Sans aucun doute cette forme, et l'autre semblable à un cœur, appartiennent à la même espèce.

Ces deux formes, de l'une desquelles les bras latéraux seuls sont développés, appartiennent à l'espèce que nous étudions en ce moment, l'*Ophiothrix versicolor* ou *fragilis*. Pour Müller, ces deux formes ne sont pas en connexion avec le Plutéus de l'*Ophiothrix fragilis*, qui est longuement décrit par lui. Evidemment ces formes excessivement simples ne peuvent pas être considérées comme semblables à certains Plutéus de l'*Ophiothrix versicolor* ou *fragilis*, qui présentent en tout huit bras.

Dans le cours de nos recherches, pour nous rendre mieux compte et surtout pour satisfaire nos scrupules personnels, qui sont inévitables dans un premier travail, nous avons obtenu par trois fois des fécondations naturelles dans un nombre incalculable de larves ; à peine une seule fois nous avons vu une larve possédant quatre bras et les indices d'un certain nombre d'autres. Dans une pêche pélagique, généralement on remarque des formes compliquées ; mais, en tous cas, ces appendices multiples ne paraissent être d'aucune nécessité, car nous avons vu des Ophiures bien développées dans les formes les plus simples.

La forme la plus compliquée est celle représentée par la planche XII, fig. 15. Comme on le voit, le corps de cette larve présente une partie supérieure cunéiforme et pointue, qui se prolonge inférieurement en deux appendices correspondant aux bras latéraux des Plutéus décrits. Cette forme de Plutéus rappelle un peu le fruit de l'érable (pseudoplatane) ; il est *samariforme*. Le squelette larvaire est dans son plus grand développement ; on remarque deux apophyses supérieures qui s'appuient l'une sur l'autre, et deux autres moyennes, qui servent comme de soutien à la masse centrale. Le bourrelet central de la masse est bien dessiné, et au milieu de celui-ci on distingue un petit point orangé.

Le fait le plus important pendant ce stade, c'est l'apparition des deux masses cellulaires plus claires que la masse centrale, situées au-dessous d'elle. Ces nouvelles formations sont le produit de cellules éparses, qui se trouvaient dans l'intérieur de la cavité.

Pendant les quinze jours qui suivent la fécondation, le seul fait important produit, c'est cette apparition ; d'autre part, on commence à distinguer que la masse centrale n'est pas pleine, mais creuse, qu'à son intérieur s'effectue un mouvement provoqué par des cils vibratiles. Cette cavité est le commencement du tube digestif ; elle en représente la partie stomacale. L'espace dessiné au milieu du bourrelet, où est située la tache orangée, marque la place de l'*anus*, qui existe à l'état larvaire. Les deux masses cellulaires qui sont situées au-dessous de l'estomac (il faut désormais lui donner son vrai nom), et qui sont bien visibles de ce côté convexe, laissent apercevoir de l'autre côté concave une autre masse, présentant une rainure dans son milieu. Cette masse représente le futur œsophage de l'adulte.

Vers le dix-septième jour on commence à distinguer des contractions de l'estomac et de l'œsophage. Dès ce moment jusqu'au développement complet, nos descriptions correspondront exactement avec tout ce qui était dit par les différents auteurs.

Il est à remarquer, d'après cet exposé, que les larves, connues sous le nom de *Pluteus*, représentent un état assez avancé de métamorphose. Cette forme, qui commence à s'accuser dès le cinquième jour, se montre à peine le vingtième au complet, c'est-à-dire dans l'état où elle a été décrite par Müller. Il n'est donc pas étonnant que, pendant ce grand espace de temps, les seules formes qui aient persisté en pleine mer n'aient été que les plus complètes.

Par la force des choses il fallait que notre description, qui n'a pour but que de signaler ce qu'il y avait de nouveau, s'arrêtât ici. Nous devrions renvoyer pour le reste aux nombreux ouvrages classiques.

Cependant, nous compléterons cette description uniquement pour offrir à nos lecteurs la commodité de trouver ici un ensemble complet sur l'embryogénie des Ophiures.

Les figures de ces différentes formes étant actuellement même dans les ouvrages élémentaires, nous ne croyons pas utile d'en donner de nouvelles.

Le premier indice de la métamorphose, c'est que des deux masses cellulaires situées à côté de l'œsophage, celle du côté gauche commence à s'allonger dans le sens longitudinal et à s'avancer vers celui-ci. Bientôt, elle se divise en cinq lobes, dans chacun desquels on voit des indices de division ; chaque lobe, en continuant son développement, devient un véritable cæcum à cinq petites branches.

Pendant ce développement de la masse cellulaire gauche, l'autre masse, qui, primitivement, avait apparu en même temps, continue à devenir de plus en plus petite, et finit par disparaître entièrement.

Le rôle de cette masse est donc passager, mais ce qui prouve que son origine est la même que celle de l'autre masse, c'est que, quelquefois, on voit dans celle-ci un commencement de différenciation pareil à celui de la masse gauche. Si celle-ci continuait à se développer, comme cela doit arriver quelquefois, des deux côtés de l'œsophage on aurait des formes lobées.

La forme du *Pluteus paradoxus*, qui, comme un cliché, est dans tous les livres, et qui est reproduite dans le dernier ouvrage d'embryologie de M. Balfour [1], représente cet état qui n'est pas du tout normal. Ces deux masses cellulaires ne sont pas, comme l'a supposé M. Balfour, dues à des diverticulum de l'Archentéron, semblables aux cavités vasopéritonéales des Holothuries, mais elles sont des produits d'une formation directe, comme cela a lieu pour l'estomac. Quand la masse gauche est bien développée on voit dans son intérieur l'indice de l'appareil tentaculaire, et l'on remarque aisément l'ouverture de l'œsophage au dehors et un petit rétrécissement à l'anus.

Au milieu du lobe qui avoisine l'estomac, on voit un petit orifice extérieur dorsal. C'est l'orifice du canal aquifère. De ce moment, une communication avec le liquide ambiant commence à s'établir directement.

La forme larvaire est encore bien reconnaissable ; la disparition des bras s'effectue lentement et de différentes manières ; tantôt, par un rétrécissement, la partie cellulaire des bras vient à se retirer à côté de la partie centrale de la larve où est l'ébauche embryonnaire ;

---

[1] *Loc. cit.*, p. 469.

de cette manière le squelette calcaire reste à l'extérieur et les tiges finissent par se casser. D'autres fois, les bras s'éloignent de plus en plus et finissent par se rompre. De toute manière, vers le vingt-cinquième ou le trentième jour, toutes les formes ne conservent que le sommet de l'ancien Plutéus, la partie centrale, tandis que les parties latérales ou, pour revenir à la comparaison avec un Samare, les ailes, sont disparues.

La partie persistante est la plus épaisse; en son milieu on distingue le squelette larvaire. Jusqu'ici, la forme bilatérale est nette, le tube digestif est droit, et autour de l'œsophage est la masse tentaculaire.

Bientôt cette forme va s'aplatir et l'on commencera à distinguer la forme radiaire de la future Ophiure.

Le point le plus remarquable qui marque le début de cette transformation, c'est la disparition de l'anus, et la différenciation totale de tous les tentacules.

La suite du développement étant pareille à celle de l'*Amphiura squamata*, dont la description va suivre, nous préférons reprendre avec plus de soin, au sujet de cette dernière, les détails, où il sera moins difficile, avec les figures, d'expliquer les choses.

Le développement de l'Ophiure définitive s'effectue régulièrement. Inutile d'ajouter que, sauf les bras, chez les larves, où il en existe, le reste de la larve passe directement dans l'animal adulte en se transformant un peu.

Il n'y a donc pas deux formes distinctes, dont l'une larvaire destinée à produire dans son intérieur le futur animal, et disparaissant entièrement, mais une seule, celle de l'embryon, provenu entièrement de l'œuf, et qui, pendant sa vie nomade, était pourvu d'appendices et d'organes propres à la natation.

En résumant l'ensemble de faits énoncés au sujet du développement de l'espèce *Ophiothrix versicolor*, nous pouvons nous faire une idée exacte des principaux phénomènes de son développement.

RÉSUMÉ.

1. Les premiers stades qui suivent la fécondation (série de fractionnements) sont réguliers;

2. L'œuf se transforme en une blastophère ciliée; l'intérieur est complètement creux;

3. Les parois se divisent et s'épaississent. Le squelette larvaire apparaît ;

4. Des formations deutéroplasmiques centrales apparaissent, représentant le tube digestif. La cavité interne se différencie et commence à se remplir des globules d'une apparence graisseuse ;

5. A la partie inférieure du tube digestif, de nouvelles formations destinées à l'appareil aquifère apparaissent ;

6. L'ébauche générale de l'animal se dessine.

Nous nous éloignons donc sur plusieurs points de l'idée admise, surtout en ce qui concerne cette espèce. Malheureusement, nos essais de fécondations artificielles sur d'autres Ophiures n'ont pas réussi de manière à nous permettre de comparer plusieurs espèces.

Le développement de cette espèce et celui de l'*Amphiura squamata* nous donnent un nouvel argument contre les appréciations hâtives de ceux qui soupçonnent que les choses se passent de la même manière chez tous les Echinodermes, parce que la forme extérieure est la même, ou à peu près.

On recule devant l'observation directe, à cause de particularités qui la rendent difficile. Pour prouver notre dire, nous citerons l'opinion de l'auteur le plus autorisé sur le chapitre des Echinodermes, de M. Agassiz [1]. « L'analogie qui existe entre les Plutéus des Echinus et des Ophiures ne permet aucun doute touchant l'existence des mêmes phénomènes dans le développement de ces derniers. Malheureusement, le manque de transparence de quelques-unes de ces larves ne permet guère de s'assurer de l'exactitude de cette assertion ; mais pendant les phases les moins avancées, l'unité du mode de développement de toutes ces larves est manifeste. » Nous ajouterons que nous donnons une preuve bien certaine que ces assertions au sujet d'une comparaison morphologique manquent de base. Cette forme de Plutéus montre avec la plus grande évidence la proche parenté des Ophiures avec les autres Echinodermes, et surtout avec les Echinus. Cette idée présente encore quelque chose de remarquable, c'est que toujours en anatomie on cherche à prouver que les Ophiures ne sont que des Astéries transformées ; on cite même des types qui, d'après les auteurs, forment le passage entre les deux ordres. Ne serait-il pas plus rationnel d'arriver par les formes embryonnaires à trouver un trait d'union qui rapprocherait cet ordre de

[1] *Annales des sciences naturelles*, 5ᵉ série, 1865, p. 367-377.

celui des Echinides, et à déterminer à quel moment de la vie embryonnaire commence à s'accuser la forme qui est destinée à produire le jeune animal, si semblable au commencement et si différent à l'état adulte ?

IX. DÉVELOPPEMENT DE L'AMPHIURA SQUAMATA.

Cette espèce d'Ophiure est d'une taille extrêmement petite, les plus grands exemplaires atteignent à peine 3 centimètres. Leurs bras sont dix fois plus longs que leur disque. Le caractère le plus important de cette espèce, c'est son mode de reproduction assez rare parmi les Echinodermes. Elle est hermaphrodite et vivipare.

M. de Quatrefages, dans une note intitulée : « L'Ophiure grisâtre est vivipare, » publiée dans les *Comptes rendus de l'Académie des sciences*, t. XV, 1842, p. 799, signala cette particularité.

Sa coloration à l'état adulte est généralement grise ; à l'état tout à fait jeune, elle est orangée.

Le mode particulier de reproduction de cet animal entraîne des modifications intérieures par lesquelles il faut commencer notre description, parce qu'un grand nombre intéressent les organes génitaux, sans nous préoccuper si elles seront jugées comme déplacées ici.

Ceux qui ont étudié l'embryogénie des Ophiures ne sont pas ceux qui avaient étudié leur anatomie, par conséquent ils n'étaient pas frappés des modifications qui existent entre les différentes espèces d'Ophiures.

Nous avons eu déjà occasion, en parlant du tube digestif, de dire que dans cette espèce il est complètement rond. Cette disposition ramassée est faite pour laisser plus de place dans les intervalles des bras pour loger les embryons.

Les fentes génitales conduisent à des sacs respiratoires pareils à ceux de l'*Amphiura filiformis*, mais complètement indépendants des organes génitaux. On peut s'en assurer aisément en regardant pendant quelque temps ces petites Ophiures. On peut bien vite se convaincre qu'elles respirent exactement comme les autres. Leur dissection, à cause de leur petitesse, est certainement très difficile ; mais on peut cependant arriver à faire une bonne préparation de ces sacs.

La disposition du tube digestif, celle des sacs respiratoires qui viennent s'accoler sur celui-ci, et une autre particularité que nous signalerons, sont autant de dispositions destinées à laisser beaucoup d'espace aux jeunes embryons.

Nous avons fait observer, à propos des téguments des Ophiures, que la membrane générale, parsemée plus ou moins de plaques calcaires, enveloppe non seulement le disque, c'est-à-dire la partie centrale de l'animal, mais se continue sur le bras même.

Ici les choses se présentent avec un cachet particulier ; le disque entier est séparé ; c'est comme une espèce de couvercle, qui se sur-ajoute sur la charpente calcaire.

Pour arriver à cette disposition, le disque est pourvu de dix stylets calcaires disposés par paires, au moyen desquels les bras s'appuient sur lui.

Un disque enlevé entièrement et regardé du côté ventral (voir la figure 1 de la planche XII, grossie cinq fois), montre cette disposition des stylets, très difficile à expliquer par la description.

Ces deux stylets, comme on le voit dans la figure, forment un angle dont le sommet offre le point d'appui dont nous parlons ; et sur le bord interne des pointes qui forment les côtés de l'angle, sont situés les organes génitaux mâles.

Il arrive parfois de rencontrer des animaux complètement dépourvus de disque, réduits seulement au squelette calcaire avec une mince membrane enveloppante.

Les animaux continuent pourtant à vivre ; et, sans aucun doute, ils arrivent à reproduire les parties perdues.

Nous avons enlevé plusieurs fois, en le prenant avec les pinces, le disque, pour voir si les animaux conservés dans des cuvettes pouvaient vivre.

L'expérience réussit toujours, et l'animal dénudé vivait aussi bien que les autres qui étaient complets ; après quelque temps il mourait certainement par suite du défaut d'aliments.

On ne peut pas décider si c'est une cause accidentelle ou si l'animal subit régulièrement ce phénomène. Nous ne croyons pas que cela arrive à l'époque de la maturité et qu'il se produise pour permettre la sortie des jeunes, parce que jamais tous les embryons ne sont au même état de développement à la même époque.

Nous avons trop de fois été témoin de la sortie des jeunes, effectuée régulièrement hors de la cavité maternelle par les fentes génitales, pour pouvoir mettre en doute ce dernier mode de naissance.

Ces animaux, depuis le mois de mai jusqu'au mois de septembre que nous avons passé à Roscoff, présentent dans leur intérieur des embryons. Généralement tous ceux qui avaient commencé à prendre la couleur grisâtre, caractère de l'adulte, étaient en reproduction.

Le nombre de petits contenus dans l'intérieur varie de douze à quinze ; dans le même individu, on rencontre des jeunes Ophiures avec des bras assez longs, en même temps que des œufs non fécondés encore.

Nous décrirons le développement en traçant premièrement la disposition des organes génitaux. C'est le point essentiel de notre étude, et il nous servira comme argument à l'appui de l'idée soutenue dans la première partie de ce travail, quand nous avons avancé que les sacs respiratoires ne pouvaient en aucun moment être considérés comme prenant part à la reproduction et servir comme enveloppe embryonnaire.

M. E. Metschnikoff[1] démontra l'hermaphrodisme de cette espèce. Les organes génitaux mâles sont situés dans l'angle des stylets et sont composés de deux ou trois vésicules sphériques, formées de tissu conjonctif, et dans l'intérieur desquelles on voit un mouvement cellulaire. Si l'on écrase la vésicule, on voit la sortie des cellules. Si on laisse quelque temps ces cellules sous le microscope, quelques-unes éclatent et l'on remarque les spermatozoïdes pareils à ceux des autres Ophiures.

L'auteur dont nous parlons, dans la figure 2 de la planche III de son mémoire, représente un spermatozoïde d'une taille énorme ; c'est une cellule mère des spermatozoïdes qu'il nous a donnée dans cette figure.

La sortie de l'élément mâle s'effectue par déhiscence ; chaque vésicule arrivant à maturité, à force de se gonfler, éclate, et les cellules se disséminent partout. Ainsi s'explique comment on trouve quelquefois une ou deux vésicules.

Les organes femelles occupent la même place que chez les autres Ophiures ; mais ils diffèrent non seulement de forme, mais aussi de structure.

Nous n'avons plus ni de petits utricules glandulaires, ni de sacs pleins de produits. Ici c'est un simple *stroma glandulaire*, à la surface duquel se développent les œufs.

[1] *Studien üb. d. Entwick d. Echinodermen et Nemertinen* (*Mém. Acad. Pétersbourg*, 7e série, t. XIV, no 8, 1869).

Ce stroma se présente sous la forme d'un tissu composé d'amas cellulaires d'une couleur brunâtre; c'est comme si plusieurs corpuscules de la cavité périviscérale s'étaient mis ensemble pour former un cordon. C'est un tissu éminemment vasculaire qui, se trouvant en contact avec la cavité générale, contient des éléments nutritifs nécessaires au développement des embryons.

C'est des cellules de ce tissu que proviennent les œufs. On voit çà et là un petit groupe de cellules prendre un développement plus grand que les autres et faire à la surface du stroma ovarien une saillie d'abord mousse, qui se pédiculise peu à peu.

Dans cette cavité sont contenues plusieurs cellules, mais une seule continue à se développer pour donner naissance à un embryon. La paroi de la loge qui contenait ces cellules arrive ainsi à former autour de l'embryon une membrane, à laquelle nous donnerons désormais le nom de *capsule ovarienne*.

Nous donnons une série de figures à ce sujet (pl. XII, fig. 2-3).

Sur le point qui avoisine la fente, le premier début de la formation de l'œuf se présente avec la forme d'une simple cellule isolée. Bientôt on voit cette cellule mère se diviser en deux ou trois parties, dont chacune est une cellule au milieu de laquelle on distingue bien un noyau transparent. Plus tard, on verra que ces cellules internes ne sont que des œufs, chez lesquels le vitellus jeune ne diffère pas du protoplasma cellulaire.

Généralement plusieurs œufs se développent à la fois ; ils présentent une grande tache germinative, entourée d'un vitellus transparent. Plus tard, on ne distingue qu'un seul œuf : celui qui est destiné à se reproduire ; les autres doivent avorter.

L'enveloppe de la capsule ovarienne constituée d'une mince membrane suivra son accroissement, et l'animal en la déchirant sortira. Ainsi chaque embryon individuellement possède son enveloppe particulière, mince et transparente.

Ces premiers débuts du développement de l'œuf montrent que M. Ludwig[1] n'est pas dans le vrai, quand il croit que les sacs respiratoires peuvent être comparés aux enveloppes embryonnaires de l'*Amphiura squamata*.

La capsule, réduite après le développement de l'œuf à ses simples enveloppes, est en contact direct avec le stroma ovarien.

La fécondation doit se faire à travers les parois de cette capsule.

[1] *Loc. cit.*, p. 386.

Dans ce mode de reproduction où on est obligé de saisir les faits selon que le hasard les présente, parce qu'on ne peut pas les provoquer, les difficultés sont grandes. Il faut un grand nombre d'animaux et surtout un espace de temps considérable, pour pouvoir trouver dans la quantité ce qu'on veut voir.

L'œuf dans l'intérieur de la capsule ovarienne est attaché par sa paroi extérieure. Ainsi en extrayant les œufs, pour les examiner on arrive à trouver autour d'eux une double membrane, mais on peut facilement se convaincre, par le plus simple examen des brides extérieures, ou après les avoir colorées, que cette enveloppe est due au tissu conjonctif ; nous sommes étonné que M. Metschnikoff ait pu considérer la membrane externe comme étant de nature *chitineuse*.

L'œuf de l'*Amphiura squamata* ressemble de tous points à celui des autres Ophiures. La seule particularité de cette espèce, c'est une disposition des organes génitaux qui permet à l'embryon d'activer son développement dans l'intérieur du corps de sa mère.

Il est très facile au début de leur formation, quand les œufs n'ont pas encore subi la fécondation, ou aux premiers stades du fractionnement de les détacher des parois ovariennes.

Cette particularité de resserrement dans une paroi propre modifie un peu le mode de fractionnement.

L'œuf, après avoir perdu son noyau et expulsé la vésicule polaire, se fractionne au contact des spermatozoïdes. Une ligne apparaît divisant le vitellus en deux parties inégales. Mais dans chaque partie le vitellus présente un point plus clair que le reste ; cette disposition rappelle exactement l'apparence du vitellus total après la disparition de la tache germinative. Ce qui nous fait supposer qu'avant le moment où nous avons regardé l'œuf, il existait dans ces deux espaces plus clairs, deux noyaux disparus. Au stade suivant (fig. 6.), qui montre la division en quatre, la disposition indique que le fractionnement s'opéra sur l'une seulement des deux masses, l'autre présentait toujours la même forme qu'au stade précédent.

Il faut remarquer qu'ici n'ayant pas affaire à des fécondations artificielles, où on suit sur les mêmes œufs la série de modifications, on ne pourrait pas déclarer d'une façon absolue que les choses se passent ainsi. On comprendra que rencontrer ces premiers états du développement est une chose extrêmement rare, quand on saura que, trois quarts d'heure après le fractionnement, chez les autres Ophiures, tous les stades dont nous venons de parler s'accomplissent jusqu'au fractionnement total. C'est la raison pour laquelle les débuts n'ont pas été étudiés. M. Schultze[1] démontra la parenté de l'embryon de l'*Amphiura squamata* avec le Plutéus des Ophiurides par la découverte du squelette larvaire ; il a supposé que l'animal, vu sa viviparité, ne subissait pas de métamorphoses, mais qu'il passait directement à l'état adulte. M. Metschnikoff ne commence son étude qu'après le fractionnement total, et surtout après la formation du tube digestif.

Le stade suivant (fig. 7) est régulier, mais il ne présente pas, comme nous l'avons vu, les masses vitellines libres ; c'est plutôt un craquellement. Toujours chaque masse présente une partie excentrique plus claire.

Le craquellement total est caractéristique, on ne peut en avoir une idée nette qu'en se servant d'objectifs très pénétrants, tels que ceux que construit M. Nachet, avec lesquels on peut voir plusieurs plans de la préparation et saisir la disposition de l'ensemble. Dans la figure 8 nous présentons par des lignes plus foncées la surface supérieure et avec des lignes plus pâles la surface inférieure ; chaque petit carré montre un point excentrique plus transparent. A ce moment la coloration de l'œuf n'est plus orangée pâle, mais très foncée.

Après ce stade et avant que les segments prennent une disposition rayonnée (fig. 9) laissant au milieu d'eux une cavité, il existe un autre stade, dans lequel les différents segments sont arrondis et disposés à la périphérie ; d'où nous concluons que ce stade correspond exactement au stade blastosphère de l'Ophiure précédemment étudié. La ressemblance entre les deux est parfaite, sauf les cils vibratiles. Comme chez l'*Ophiothrix versicolor*, après ce stade les segments, devenant cellules, prennent une forme cylindrique présentant au centre la cavité de segmentation (fig. 10). Chaque cellule, comme M. Metschnikoff les représente parfaitement (pl. III, fig. 3), possède un noyau. D'après cet auteur, à ce stade en fait suite un autre dans lequel l'ébauche du tube digestif est formée d'une membrane en cul-de-sac. Il admet que *ce dernier est probablement formé par invagination, parce que c'est le mode général chez les Echinodermes.* Pour nous, les choses se passent de la même manière que chez l'*Ophiothrix versicolor*. Quand le blastoderme est déjà com-

---

[1] *Müller's Archiv.*, p. 37, 1852.

plètement formé, les cellules cylindriques changent de forme, et perdent leur coloration : jusqu'ici elles étaient colorées en orangé comme tout le reste ; de ce moment leur partie la plus externe devient transparente, c'est le commencement de la différenciation ectodermique. En même temps on distingue l'apparition du squelette larvaire dans la partie orangée, et du côté qui regarde le sommet de la capsule ovarienne.

Aucune différenciation intérieure n'a encore apparu et rien n'indique une invagination.

Le squelette larvaire se montre avant l'apparition du tube digestif, comme cela a lieu chez les Ophiothrix ; il commence aussi d'apparaître par de petits nodules calcaires, qui bientôt s'unissent en formant un ensemble de petites baguettes.

Le stade qui suit est de tous points pareil au stade correspondant de certaines larves d'Ophiothrix, chez lesquelles les bras ne sont pas développés, et le squelette se présente un peu irrégulier. A ce moment on voit l'ectoderme bien caractérisé et au milieu une masse cellulaire ; entre ces deux, une cavité libre remplie de globules d'une apparence graisseuse. Au milieu de la masse centrale on distingue un espace plus clair. Cette formation est due certainement à des éléments deutéroplasmiques, provenus de la division des cellules cylindriques du blastosphère. C'est par un processus de *délamination* que l'endoderme prend naissance. Le petit espace clair qui se trouve au milieu de la masse centrale, dans laquelle on ne peut décider encore s'il existe une cavité, représente, si l'on juge par anticipation, l'anus embryonnaire. Dans le stade suivant, où l'ébauche du tube digestif est complètement dessinée, on distingue bien au sommet de l'estomac, au milieu d'un bourrelet, l'orifice anal.

M. Metschnikoff ne signale pas l'existence de l'anus, et dans ses figures nous ne voyons aucune trace de cette formation. Voici quelle en est la cause. Comme nous l'avons dit, dans ce genre de reproduction où tout est livré au hasard, il faut un temps considérable et beaucoup d'animaux pour arriver à saisir tous les états.

Mais c'est surtout si nous jugeons d'après la manière dont il a figuré les animaux, que l'auteur n'a pas remarqué qu'on pourrait distinguer chez l'embryon un côté dorsal et un côté ventral, lesquelles parties gardent leur disposition respective même à l'état adulte.

Il est très facile d'arriver à fixer ces deux places, grâce aux points de repère que nous pouvons prendre chez l'embryon. Dans ce stade, à côté de l'ébauche du tube digestif, nous distinguons deux amas cellulaires. Si nous plaçons l'embryon d'après les figures de M. Metschnikoff, ces amas sont à gauche du tube digestif. Pour nous, cette partie correspond à la partie ventrale, et voici nos raisons.

Le tube digestif, à ce moment, est composé de trois parties superposées. La supérieure est l'œsophage, au milieu duquel on distingue aisément un sillon longitudinal, que de temps en temps on voit se contracter, et qui est l'ouverture buccale. Au-dessous de l'œsophage vient l'estomac dont les parois sont visibles, et à l'intérieur on distingue le mouvement ciliaire. Au-dessous de l'estomac se montre un petit lobe qui, de ce côté, ne montre aucun orifice.

Retournons l'embryon, c'est-à-dire regardons du côté où les deux amas circulaires sont situés non plus à gauche, mais à droite du tube digestif: nous ne distinguons plus le sillon représentant l'orifice buccal au milieu de l'œsophage. Les parois de l'estomac sont bien visibles, et, au milieu du lobe, on voit très bien un orifice circulaire garni de cils vibratiles en plein mouvement, et qui représente l'anus.

Nous avouons que les premières fois nous croyions à une erreur de notre part, quand nous avons vu le fait se répéter plusieurs fois. Comme d'autres naturalistes qui se trouvaient au laboratoire de Roscoff et qui sont venus très obligeamment à notre appel ont confirmé le fait, nous n'hésitons pas à le signaler ici.

Pour que nos figures soient intelligibles et en rapport avec celles de M. Metschnikoff, nous conseillons au lecteur, parce que nous plaçons les embryons autrement que lui, la bouche en haut, de regarder la planche renversée.

La forme générale de l'embryon, dans ce stade, n'est plus circulaire, mais ovalaire ; à ce moment, on peut bien se convaincre que la deuxième couche externe de l'œuf ne lui appartenait pas. Étant à ce moment plus intimement attachée aux parois de la capsule ovarienne, les embryons, quand on les a enlevés, ne la présentent qu'en lambeaux sur quelques points seulement.

Reprenons la description. Comme chez l'Ophiotrix, ces deux masses cellulaires qu'on distingue à côté du tube digestif, commencent à apparaître par le groupement des cellules remplissant la cavité entre le tube digestif et l'ectoderme. Ainsi elles appartiennent à la même formation deutéroplasmique. Quelquefois, au lieu de deux masses, on en remarque trois, la dernière étant située du côté gauche de l'estomac ; mais, généralement, il n'y en a que deux.

Dès le moment de leur différenciation, on distingue, au milieu de chaque masse, une cavité qui montre que les cellules sont disposées à la périphérie. C'est cette formation qui produira l'appareil aquifère. On voit que, dès la première heure, elle est complètement fermée.

Dans l'ectoderme, on commence à apercevoir quelques points orangés, premiers indices de calcification. Au stade suivant, on voit que, des deux masses, celle qui avoisine l'œsophage s'allonge, l'autre, au contraire, s'arrondit. Le squelette embryonnaire prend un plus grand développement et masque complètement l'anus. C'est la masse supérieure allongée qui est destinée à se transformer en appareil aquifère, l'autre avortera.

M. Metschnikoff cite des cas où les deux masses se sont transformées de la même manière; nous pouvons confirmer cette observation qui, ainsi que nous l'avons dit, peut se faire même chez les Ophiurides ovipares. Quand la masse supérieure est complètement différenciée, l'inférieure vient se placer contre les parois de l'estomac et prend la forme d'un disque. M. Metschnikoff représente cette formation comme indépendante; mais, à la fin de son étude, il déclare ne pas reconnaître ce qu'est devenu ce disque, pas plus que l'autre, que nous avons signalé comme existant quelquefois de l'autre côté de l'estomac.

Toutes les deux avortent peu à peu à mesure que l'appareil aquifère se développe.

Le premier indice de développement de cet appareil, c'est que la masse cellulaire, de son côté extérieur (celui qui regarde la paroi embryonnaire) présente cinq petits lobes.

L'anus, à ce moment, disparaît; du moins, quand les embryons présentaient cette différenciation de l'appareil aquifère, nous n'avons pu distinguer le lobe anal. Le tube digestif se présentait complètement rond.

Ce n'est pas sans raison que nous pouvons rapprocher ce fait des observations de Müller, et dire que cet habile naturaliste, qui, lors de ses premières études, n'a pas distingué l'existence de l'anus, a dû s'adresser à des embryons d'un âge avancé et chez lesquels l'appareil aquifère était déjà ébauché et l'anus disparu. C'est aussi dans ce stade que les parois du tube digestif prennent une couleur orangée, et l'on aperçoit de petites formes étoilées, premiers indices des téguments de l'adulte.

L'appareil aquifère, en continuant à se développer, montre d'une manière très appréciable la disposition rayonnée.

Bientôt chacun des cinq lobes va se subdiviser en cinq petits cæcums et venir se placer immédiatement au-dessus de l'œsophage.

Des changements importants surviennent à ce moment : le tube digestif s'aplatit dans le sens de son axe longitudinal, l'œsophage aussi, comme si la partie supérieure de l'animal se rapprochait de l'inférieure et si l'embryon entier s'aplatissait. Toutes ces transformations survenues peu à peu sont dues au développement successif du système aquifère, qui, par son accroissement, est d'abord venu occuper toute la partie supérieure de l'embryon, puis, continuant à se développer en largeur, a augmenté le diamètre horizontal de l'embryon et a entraîné nécessairement une diminution du diamètre vertical, en sorte que l'embryon est devenu très surbaissé. Notre figure 14, représentant la réalité des choses, s'explique facilement.

L'idée de M. Agassiz[1] que le jeune Échinoderme se développe sur la surface du système aquifère et non aux dépens de l'estomac, comme l'a cru Müller, repose sur des faits indiscutables. Le système aquifère empiète sur le tube digestif. Avant même que toutes ses parties soient bien distinctes, on voit le point où s'établira la communication directe avec l'extérieur par le canal aquifère, marqué d'un orifice qu'on voit du côté dorsal.

La structure de l'appareil aquifère, quand les faisceaux tentaculaires sont bien séparés, est du plus haut intérêt.

Le système aquifère, comme ses dépendances primitives, montre la même structure; on distingue une paroi propre, assez transparente pour laisser apercevoir le calibre intérieur de l'anneau. On y remarque, çà et là, de petites bosselures intérieures qui continuent dans les prolongements extérieurs. Si l'on étudie un embryon vivant, on aperçoit que ses parois internes se contractent de temps en temps; cette contraction est plus apparente dans les prolongements.

Le canal aquifère, pendant ce stade, change de place, et il vient se placer à côté de l'endroit qu'il occupera à l'état adulte. Il se trouve dans l'arc du cercle aquifère qui correspond à la partie primitivement inférieure de l'embryon, sur celle où se trouve le squelette embryonnaire fortement réduit.

---

[1] *Loc. cit.*, p. 371.

Cette disposition est très importante. L'animal vivant dans le corps de la mère jusqu'à un âge assez avancé et continuant à se nourrir à ses dépens, la première communication du canal s'effectue, sur le point d'attache, avec la paroi ovarienne.

La forme de ce canal est encore caractéristique. Vers la partie voisine du cercle aquifère, on distingue un petit renflement qui, vu le rapport de la glande piriforme avec le canal aquifère chez l'adulte, représente peut-être ses premiers débuts.

Malheureusement, à un âge plus avancé que celui que nous décrivons, une telle accumulation de plaques calcaires s'accomplit sur l'emplacement du canal aquifère, qu'il est difficile de poursuivre sur ce point l'investigation.

Nous avons vu dans ce stade l'ébauche d'une vésicule de Poli ; elle était représentée par un petit renflement, dirigé en sens inverse de celui qu'elles présentent chez l'adulte. Elle était dirigée du côté buccal. Cette disposition, qui, à première vue, présente une irrégularité, n'a rien de singulier, comme nous le verrons pour les autres parties. Le système aquifère est développé, dès son début, en un véritable cercle fermé. M. Metschnikoff nous donne une figure dans la planche 4, fig. 14, de son Mémoire, où le cercle est représenté ouvert. Mais, dans le texte, nous n'avons trouvé aucune indication au sujet de la manière dont s'effectue la soudure de l'ouverture dans le stade plus avancé, car on sait que chez l'adulte le cercle est fermé.

Dans ce stade, tous les prolongements en forme de cæcums ont la même direction, regardant la paroi embryonnaire ; la forme générale de l'embryon est irrégulière. Au stade suivant commence à se dessiner nettement la forme pentagonale ; et c'est encore au système aquifère qu'est dû ce changement de forme. Si, par comparaison, nous examinons les deux figures 14 et 15, nous remarquons que, des cinq cæcums, les deux plus extérieurs sont réfléchis et ont pris la direction opposée ; les trois autres conservent leur forme et leur place respectives. Cette inflexion montre que les vésicules de Poli, qui, primitivement, se dirigeaient intérieurement, peuvent, à un moment donné, prendre leur disposition définitive.

Si nous voulions donner à présent à ces cæcums des noms correspondant à l'état adulte, nous verrions que quatre cæcums pairs représentent de futurs tentacules ; le suivant, qui est médian et impair par sa position, sa direction et l'allongement qu'il va subir au stade prochain, nous montre une disposition tout autre que celle que pouvait nous offrir un simple tentacule. C'est lui qui détermine cette forme pentagonale, et qui occupera la partie médiane du bras qui va pousser et qui sera dû, en grande partie, à son concours. Sans aucun doute, il représente le vaisseau aquifère brachial.

Si nous examinons une petite Amphiure arrachée de la cavité incubatrice et dont la forme est à peine ébauchée, elle n'est qu'un simple pentagone. Nous la voyons progresser, à l'aide de deux grands tentacules, sortant à côté des angles du pentagone. Dans la partie buccale, nous retrouvons les deux cæcums infléchis, mais aucune trace du cæcum médian impair, qui a déjà pénétré dans le bras. M. Schultze n'était pas dans une complète erreur quand il considérait les jeunes Amphiures comme ne possédant que deux tentacules seulement. Dans cet âge, deux seulement sont bien visibles.

Ainsi, des cinq cæcums les deux externes représentent les tentacules buccaux supérieurs ; leur tronc, en s'allongeant avec l'âge, produira la paire inférieure ; les deux autres, qui sont à côté du médian impair, représentent les deux premiers tentacules brachiaux, et le médian, le vaisseau brachial lui-même.

A l'origine, les vaisseaux brachiaux et les vaisseaux tentacules sont donc identiques. Des modifications extérieures dans leur enveloppe externe, qui sert à les protéger, leur donnent des apparences différentes.

Dans ce stade, le tube digestif a pris la forme qu'il possédera à l'état adulte. La jeune Ophiure, complètement formée déjà, sauf les bras, est coloré en orangé. Le squelette définitif est très avancé. Les premières grandes plaques calcaires qui apparaissent avant même que le bras soit à peine ébauché sont les cinq pièces fourchues de l'adulte ; il est facile de se convaincre de leur apparition primitive, grâce à leur forme en V et à la disposition des tentacules buccaux que nous avons mentionnée.

Cette apparition précoce indique leur origine indépendante des ossicules discoïdes, dont ils sont considérés, d'après des études chez l'adulte, comme des dépendances.

Le reste de l'appareil tégumentaire, composé de plaques calcaires, évolue régulièrement.

Il est à remarquer que, dans l'ensemble de cette étude, nous n'avons pas mentionné l'apparition ni du système nerveux, ni du système musculaire. Aucun des éminents naturalistes qui se sont occupés de l'étude embryologique des Échinodermes ne nous donne de renseignements à ce sujet.

Seul, M. Metschnikoff soupçonna que ces systèmes se développent aux dépens des bandes éparses, formées par la métamorphose des bandes ciliées de l'embryon.

Aucune preuve directe ne peut être fournie sur ce sujet; les deux systèmes doivent être des formations ultérieures, accomplies pendant l'accentuation de la partie squelettique, qui empêche l'observation.

Ne pouvons-nous tirer de ce silence des hommes les plus habiles un argument en faveur de nos soupçons du système nerveux, et de la réfutation d'un système vasculaire, indépendant du système aquifère?

Les embryologistes arrêtent leur étude au stade que nous venons de décrire; l'embryon de ce moment ayant pris une forme voisine de celle de l'adulte, leur champ est fermé. M. Schultze, qui, le premier, étudia le développement de l'*Amphiura squamata*, observa que le jeune, complètement développé, traîne, attaché à son disque, un processus allongé en forme de baguette, formée d'une partie du corps embryonnaire et du squelette provisoire. M. Metschnikoff confirma cette observation.

Doit-on dire que l'animal a cessé de suivre son évolution embryologique pour entrer dans la vie, au moment où il prend une forme pentagonale rappelant de loin sa forme définitive, ou bien au moment où il est capable de vivre seul et en dehors de la cavité incubatrice?

Pour nous, c'est le second cas qui est le vrai. La jeune Amphiura ne naît pas à l'état pentagonal; à ce moment, elle est encore dans la capsule ovarienne et continue de vivre à son intérieur. Si on l'arrache pour l'examiner, certainement on entraîne des lambeaux avec elle; mais ces parties lui sont étrangères et n'appartiennent aucunement ni à la paroi embryonnaire ni au squelette, duquel on peut suivre la résorption successive.

Il y a un point par lequel l'embryon est plus intimement attaché à la paroi, c'est celui qui correspond au canal aquifère; sur ce point, les parties arrachées sont toujours plus longues.

La disposition indiquée par les auteurs existe donc; mais, d'après ce que nous avons vu, elle est due non à des restes des enveloppes embryonnaires, mais à des parties ovariennes qui ont suivi l'embryon quand on l'a arraché.

Résumé.

Avant d'indiquer les changements effectués dans ce jeune embryon après qu'il a pris la forme pentagonale, nous résumerons les différents stades en quelques lignes.

1° L'œuf se produit et se développe à l'intérieur de l'ovaire.

2° La fécondation a lieu, sans aucun doute, dans son intérieur. Les parois de la capsule ovarienne s'accroissent au fur et à mesure de l'augmentation du volume de l'œuf.

3° La capsule arrive ainsi à former un sac suspendu à la paroi ovarienne par un pédoncule.

4° L'œuf présente la même forme que chez les autres Ophiures.

5° La segmentation a lieu régulièrement, mais, vu le resserrement de l'œuf dans une cavité close, les différents segments prennent une forme hexagonale plutôt qu'arrondie.

6° L'état blastosphère est bien évident. Après cet état, sa forme, de ronde qu'elle était, devient ovalaire, ses cellules périphériques deviennent cylindriques et l'on y distingue une cavité de segmentation.

7° Le squelette embryonnaire apparaît après ce stade, et des formations deutéroplasmiques marquent la place du tube digestif. Cette apparition n'est due aucunement à une invagination, comme cela a été supposé.

8° Le premier orifice marqué sur le tube digestif est l'orifice anal.

9° L'embryon possède, à ce moment, une paroi externe, son tube digestif, et des corpuscules ayant l'apparence de gouttelettes graisseuses remplissent les intervalles entre la paroi et le tube digestif.

10° Dans la disposition du tube digestif, on remarque un côté dorsal, sur lequel est situé l'anus, et un autre, ventral, où on aperçoit le sillon œsophagien marquant l'ouverture buccale. Les dénominations dorsale et ventrale, dont s'est servi M. Metschnikoff, correspondent respectivement à nos termes supérieur et inférieur.

11° Deux masses cellulaires se montrent bientôt à côté du tube digestif, situées à droite de celui-ci, si l'on regarde l'embryon du côté ventral, et à gauche, si on l'aperçoit du côté dorsal.

12° De ces deux masses cellulaires, la supérieure, celle qui avoisine l'œsophage, rarement les deux, sont destinées à former l'appareil aquifère.

13° Après la division en lobes de la masse cellulaire supérieure, l'inférieure avorte et, en même temps, on ne distingue plus l'*anus*, l'estomac se présente terminé en cul-de-sac.

14° Quand l'appareil aquifère est complètement développé, il entoure l'œsophage en empiétant sur le tube digestif et, poussant la paroi embryonnaire par son accroissement en largeur, détermine un élargissement dans le sens horizontal, dont la conséquence est le rapprochement de la paroi inférieure avec la supérieure, qui deviennent ventrale et dorsale chez l'adulte.

15° Des tentacules apparaissent à cet état, deux buccaux et deux brachiaux ; le vaisseau brachial impair, en se développant, détermine la forme pentagonale.

16° Ainsi l'appareil aquifère est presque développé dans ces parties essentielles, et communique, par l'intermédiaire du canal aquifère, dirigé du côté du pédoncule de la capsule, avec la cavité incubatrice.

17° Le squelette embryonnaire est résorbé presque entièrement et remplacé par le squelette définitif, qui commence à se développer par les parties tégumentaires.

18° Nous n'avons aucune indication ni du système nerveux ni du système musculaire.

Ici finit le cercle de la vie embryonnaire proprement dite ; le reste des modifications intéresse la vie ultérieure de l'adulte.

Nous donnons quelques détails sur ce sujet.

Les jeunes Amphiures, quand elles naissent, ont déjà naturellement des bras d'une certaine longueur. Chaque bras possède plus de dix articles ; mais ce qu'il faut remarquer, c'est que les deux articles de l'extrémité du bras ne portent pas latéralement de tentacules ; ces parties sont enveloppées dans une membrane.

La croissance des bras se fait entre le dernier et le pénultième article.

Quand on fait sortir prématurément des jeunes Amphiures, qui ne possèdent que deux articles aux bras, on voit que l'animal se meut avec les deux tentacules brachiaux que nous avons vus naître primitivement.

Cela prouve qu'il faut un certain temps pour que le vaisseau aquifère, se développant en longueur, puisse produire de côté des prolongements qui déterminent la formation des tentacules. Sans aucun doute, le vaisseau aquifère prend une grande part à la formation des bras et aussi, à l'état adulte, à leur régénération après qu'ils ont été mutilés.

Si l'on examine un bras coupé au moment où il commence à se régénérer, on voit que le bourgeon qui doit donner naissance à la partie nouvelle ne s'insère pas sur toute la surface transversale du bras, mais seulement sur la partie inférieure de la rainure, celle qui avoisine l'articulation des ossicules, sur laquelle se trouve accolé le vaisseau aquifère. C'est sur ses parois qu'apparaissent les premiers nodules calcaires, et ce sont toujours les téguments qui apparaissent avant les ossicules discoïdes. Cela prouve que le système aquifère n'est pas étranger à la régénération des bras.

Quoi qu'il en soit, le jeune animal, naturellement sorti de l'intérieur de son parent, est déjà pourvu de toutes les parties nécessaires à sa vie libre ; il n'en diffère que par sa coloration orangée et sa petitesse.

A l'intérieur de la poche, les bras, en se développant, s'enroulent autour du disque de l'animal ; c'est en les déroulant que l'animal, à l'époque de la maturité, perce les enveloppes et passe par la fente correspondante pour se montrer au jour.

CONCLUSION.

Si nous cherchons, après l'étude détaillée de leur développement à comparer ces deux espèces d'Ophiures si différentes et dont les conditions de vie ne présentent aucune ressemblance, l'une se développant dans la cavité du parent même, l'autre étant exposée au hasard, nous ne pouvons nous dispenser d'attirer l'attention sur un fait qui nous semble remarquable.

Voilà deux Ophiures, aussi différentes que possible, qui présentent, dans leur développement, les analogies les plus étroites, tandis que, d'après les suppositions des auteurs, le développement des autres Ophiures serait, au début, tout différent et semblable à celui des Echinus.

Il est difficile d'admettre que nos deux Ophiures fassent exception à la règle générale. D'autre part, nous ne pouvons croire nous être trompé dans l'observation de faits qui nous ont paru si évidents. Nous avons pour nous, en ce qui concerne l'*Amphiura squamata*, les observations de M. Metschnikoff, qui, en cédant plutôt à l'opinion admise qu'à la réalité, soupçonna seulement, sans le confirmer, que le tube digestif était dû à une invagination, comme c'est le cas général chez les Échinodermes.

Nous manquons d'observations, touchant les premiers états du développement des Échinodermes, pour nous prononcer résolument sur ce sujet ; mais ces deux types d'Ophiures présentant deux modes de propagation différents, nous font croire que ces cas ne sont pas isolés, que l'ébauche des organes chez l'embryon d'Ophiuride se fait plutôt par une formation deutéroplasmique que par invagination. La série de figures schématiques qui, dans différents ouvrages, représentent la série des métamorphoses de ces animaux, ne reproduisent que les états très avancés dans leur développement.

RÉSULTATS.

Les faits nouveaux contenus dans ce travail peuvent se résumer en ces lignes :

I. Nous avons décrit les mœurs et l'habitat des Ophiures tant dans la Manche que dans la Méditerranée, indiqué les rapports existant entre la forme et la nature du milieu, enfin démontré les caractères importants de l'*Amphiura squamata*.

II. Au sujet des téguments et du squelette, sans entrer dans les détails intimes, nous avons apporté l'indication embryologique de la formation de pièces fourchues antérieurement aux ossicules discoïdes.

III. Pour ce qui est du tube digestif, nous avons décrit l'existence d'un œsophage et sa structure ; la présence, sur la partie dorsale de l'estomac, de petits cæcums rappelant ceux qui existent chez l'*Asterina gibbosa* ; enfin signalé la différence de la forme de l'estomac chez l'*Amphiura squamata*.

Nous avons examiné soigneusement l'histologie des parois stomacales, décrit parmi ses parties constituantes une couche cellulaire, laquelle, avec beaucoup de raison, doit représenter l'élément glandulaire de cet appareil.

IV. Pour l'appareil aquifère, nous l'avons étudié avec les plus grands détails, comme il convenait pour un système à parois propres.

Par des injections, nous avons déterminé la distribution du canal aquifère, sa relation avec l'extérieur et ses communications avec l'anneau aquifère.

Nous avons ajouté quelques faits au sujet de son origine, prouvant que son existence n'est pas due à la transformation d'une vésicule de Poli qui devait exister à cet endroit.

Le rôle tout accessoire d'une partie qui n'est qu'une simple enveloppe protectrice incrustée de plaques calcaires, et à laquelle on a donné le nom pompeux de *canal du sable*, suffisamment démontré par la description du véritable canal aquifère.

En nous adressant aux origines mêmes du système aquifère, nous avons démontré la parenté des vaisseaux aquifères avec les tentacules et, par conséquent, leur parfaite ressemblance.

Par l'histologie et l'observation directe, nous avons prouvé comment s'établit la circulation du contenu dans les vaisseaux aquifères.

Nous avons indiqué la nature de son contenu et signalé son identité avec le liquide de la cavité péristomacale.

V. Pour la première fois, nous avons déterminé les rapports de la glande piriforme, située à côté du canal aquifère dans l'enveloppe commune et protectrice ; prouvé, par sa structure et par sa communication directe avec l'extérieur, le peu fondé des suppositions de certains auteurs qui lui attribuent le rôle d'un centre circulatoire, c'est-à-dire la valeur d'un cœur.

VI. De cette manière, nous avons prouvé la non-existence du centre moteur de ce prétendu appareil circulatoire proprement dit, qui, du reste, ne reposait pas sur des observations rigoureuses. Nous avons cherché à connaître de quelle manière le liquide nourricier se met en communication avec les différentes parties de l'organisme.

Nous avons ainsi décrit un système vasculaire, composé d'une série de lacunes, existant entre les différents organes, système complètement clos et ne communiquant nullement avec l'extérieur.

VII. Pour la première fois, nous avons démontré des organes particuliers et déterminé leur véritable rôle pour la fonction respiratoire. Ces organes ne peuvent accomplir que la fonction respiratoire seule ; ils ne servent aucunement comme organe incubateur dans les animaux chez lesquels le développement embryonnaire se poursuit dans l'intérieur de la cavité maternelle.

VIII. Pour le système nerveux, nous avons apporté de nouveaux éclaircissements, basés sur des observations comparées sur des animaux vivants et conservés. Nous avons donné un dessin de ce système chez l'*Ophioglypha lacertosa*, où la partie composée de grosses cellules, souvent prises pour des cellules nerveuses, est représentée avec sa véritable structure.

IX. Nous avons ajouté à ce qui était connu sur les organes génitaux les particularités essentielles de chaque espèce, leurs relations avec les sacs respiratoires.

A propos de cette dernière considération, nous avons insisté sur la disposition des glandes génitales chez l'*Ophiocoma nigra*, et démontré par là la parfaite indépendance des sacs respiratoires par rapport à la fonction génitale.

X. A notre étude anatomique, nous avons ajouté des observations embryologiques faites sur deux espèces, l'*Ophiothrix versicolor* (Nobis) et l'*Amphiura squamata* (Sars), la première ovipare, la seconde vivipare.

Nos propositions s'éloignent sur plusieurs points des idées admises sur l'embryologie de ces animaux, idées fondées surtout sur la ressemblance de leurs larves avec celles des Echinus.

XI. Par des fécondations répétées, ayant suivi tous les stades du développement, nous apportons une série de faits à l'appui de notre manière de voir.

La ressemblance des deux modes de reproduction est frappante et permet de croire que les choses peuvent se passer de même dans tout l'ordre des Ophiures.

En terminant, nous prions le lecteur de nous excuser si parfois il a eu quelque peine à suivre nos descriptions. Étranger à la France et connaissant encore imparfaitement sa langue, malgré l'aide que nous ont prêtée nos amis, MM. les docteurs Yves Delage et Paul Girod, auxquels nous exprimons ici toute notre reconnaissance, il nous a été impossible de débarrasser entièrement notre style de formes étrangères qui ont pu parfois le rendre un peu obscur.

EXPLICATION DES PLANCHES.

PLANCHE VII.

Tube digestif et organes génitaux.

FIG. 1. Coupe transversale de la paroi stomacale, dessinée à la chambre claire à
la hauteur de la platine. Microscope Nachet, 3/7 à immersion. *a'*, cellules cylindriques épithéliales (couche interne); *b'*, couche brune; *c'*, couche cellulaire; *p'*, couche épithéliale externe.

2. *Ophioglypha lacertosa*, grandeur naturelle, vue du côté dorsal après avoir
enlevé les téguments. *br*, br   *sr*, sacs respiratoires; *gg*, glandes génitales; *e*, estomac; *cs*, cæcums stomacaux; *t*, téguments.

3. Une partie interne du tube digestif pour montrer la disposition des plis intérieurs.

4. Cellules isolées de la couche cellulaire de la paroi stomacale.

5. Un spicule de la paroi externe du tube digestif chez l'*Ophioglypha lacertosa*.

6, 7, 8, 9, 10, 11, 12. *Organes génitaux.*

6. *Ophiothrix rosula*, vue du côté dorsal, après avoir enlevé les téguments,
montrant la disposition des glandes génitales. *t*, téguments; *e*, estomac;
gg, glandes génitales.

7. Une glande isolée de la même espèce.

8. Disposition des organes génitaux chez l'*Ophiocoma nigra*. La paroi dorsale, le tube digestif et les sacs respiratoires sont enlevés.

9. Disposition générale des organes génitaux chez l'*Amphiura filiformis*, vus
du côté dorsal.

10. Coupe longitudinale d'un utricule de l'*Ophioglypha lacertosa*, vu à un fort
grossissement. *pe*, paroi extérieure de tissu conjonctif; *of*, œufs.

11. Aspect extérieur des organes génitaux mâles chez l'*Ophiocoma nigra*.

11 *bis*, Spermatozoïdes.

12. Un utricule regardé à un faible grossissement montrant à son intérieur
les cellules mères des œufs.

PLANCHE VIII.

Canal aquifère et glande piriforme.

FIG. 1. Corpuscules de la cavité périviscérale et des vaisseaux aquifères.

2. Une portion tentaculaire de l'*Ophiothrix vesicolor* fortement grossie.

3. Cellules isolées de la glande piriforme.

4. Aspect général d'un tentacule d'*Ophiothrix rosula*.

5. 6. La partie considérée, à tort autrefois, comme canal du sable, se montre
dans ces figures avec son aspect extérieur et les organes continus dans
son intérieur. *ca*. canal aquifère; *gp*, glande piriforme; *ep*. enveloppe
protectrice; *cp*. conduit de la glande; *m*, orifice de la plaque madréporique; *pc*. plaque calcaire.

7. Une vésicule de Poli d'*Ophiothrix rosula*, vue par transparence et montrant les trois couches caractéristiques de parois des vaisseaux aquifères.

8. Une plaque calcaire isolée de l'enveloppe protectrice.

9. Production glanduliforme des vésicules de Poli, de l'*Ophioglypha lacertosa*.

10. Coupe de la glande piriforme, montrant la disposition des granules intérieurs, ainsi que celle des cellules, dessinée à la chambre claire à 1/5 Nachet. *cv*, cavité intérieure; *cc*, colonnes cellulaires; *cl*, cellules.

PLANCHE IX.

Appareils aquifère et circulatoire.

Fig. 1. Coupe schématique passée par un intervalle de deux bras et au milieu d'un bras pour montrer l'ensemble des systèmes. Le système aquifère est représenté partout en bleu; les cavités, en rouge. *t*, tégument; *vp*, vésicule de Poli; *e*, estomac; *œ*, œsophage; *va*, vaisseau aquifère; *n*, système nerveux; *pn*, espace périnerveux; *ts*, espace péristomacal; *r*, espace radial; *d*, espace dorsal; *v*, espace ventral; *p*, espace périphérique; *o*. point essentiel par où s'établit la communication entre les espaces périnerveux et branchial; *od*, ossicules discoïdes; *m*, muscle existant entre le vaisseau aquifère et la bandelette nerveuse dans l'intérieur de l'ossicule discoïde.

2. Représentation schématique du mécanisme de la respiration. La figure représente une coupe imaginaire faite à travers un bras sur le point de son entrée au disque, ainsi on voit à côté de lui les deux sacs respiratoires correspondant aux fentes. *br*, bras; *e*, extrémité du tube digestif correspondant au court rayon; *sr*. sacs de respiration. La direction des flèches indique le mode d'entrée et de la sortie de l'eau.

3. Forme et disposition d'un sac respiratoire chez l'*Ophioglypha lacertosa*. *f*, fente. Les autres lettres signifient les mêmes choses qu'aux précédentes figures.

4. Aspect d'un bras du côté ventral après une injection de l'appareil aquifère. Les plaques ventrales sont enlevées pour montrer la distribution du vaisseau. *vl*. vaisseaux latéraux; *va*, vaisseau aquifère; *tn*, tentacules; *od*. ossicule discoïde; *eb*, écaille buccale.

5. Coupe transversale d'un bras passant au travers d'un ossicule discoïde. *n*, système nerveux; *va*, vaisseau aquifère; *r*, espace radial; *v*, espace ventral; *p*, espace périphérique; *en*, enfoncement nerveux.

6. L'anneau aquifère vu du côté dorsal. Le tégument et le tube digestif sont entièrement enlevés. *aa*, anneau aquifère; *vp*, vésicule de Poli; *tn*, tentacules; *pd*, papilles dentaires; *pf*, pièces fourchues; *gp*, glande piriforme; *vl*, vaisseaux latéraux; *va*, vaisseau aquifère.

7. Même disposition chez l'*Ophiothrix rosula*. *ca*, canal aquifère.

8. Rapport de la glande piriforme et du canal aquifère.

9. L'arc correspondant à un bras de l'anneau aquifère, pour montrer les rapports de celui-ci avec les vaisseaux latéraux et le vaisseau branchial.

PLANCHE X.

Système nerveux et histologie des vaisseaux aquifères.

Fig. 1. La partie interne d'un bras, pour montrer la distribution du système nerveux. L'ossicule qui y aboutissait est coupé en deux, pour laisser à nu
les différentes parties. *n*, système nerveux; *nl*, nerfs latéraux; *el*,
écailles; *m*, tentacules.

2. Disposition de l'anneau nerveux. La partie nerveuse est colorée en noir
foncé. Les mêmes lettres que pour les figures précédentes. *nb*, nerf
brachial.

3. Une partie du cordon nerveux brachial, montrant les vaisseaux de nerfs
latéraux et la disposition des renflements.

4. Coupe transversale du cordon nerveux brachial, dessinée à la chambre
claire à la hauteur de la platine du microscope avec 3/7 à immersion
Nachet. *cb*, partie cellulaire du cordon, couche brune; *m*, grosses
cellules disséminées à la limite supérieure; *n*, partie nerveuse proprement dite, montrant çà et là des cellules bipolaires.

5. Rapport du cordon nerveux avec le vaisseau brachial aquifère dans la rainure brachiale.

6. Cellules nerveuses isolées. 6', cellules de la couche brune isolées.

7. Une partie du vaisseau brachial aquifère vue par transparence, pour montrer le calibre intérieur du vaisseau. *vl*, vaisseaux latéraux.

8. Histologie d'un vaisseau brachial aquifère. *cx*, couche extérieure; *m*, partie
musculaire; *in*, couche interne; *f*, fibres transversales.

9. Le tentacule d'une jeune *Amphiura squamata*, montrant son calibre intérieur.

10. Coupe transversale d'un tentacule. Les mêmes lettres que pour les vaisseaux aquifères.

PLANCHE XI.

Développement de l'Ophiothrix versicolor, dessiné à la chambre claire.

Fig. 1. OEufs. *op*, oolème pellucide; *mv*, membrane vitelline; *v*, vitellus; *vg*, vésicule germinative; *n*, noyau.

2, 3, 4, 5, 6, 7. Différents stades du fractionnement.

8-9. Blastosphère.

10. Première apparition du squelette calcaire.

11. Squelette calcaire plus accentué.

12. Ebauche du tube digestif *e*.

13. La forme Plutéus commence à se dessiner. *e*, estomac; *an*, anus; *cg*, cavité
générale; *mc*, masse cellulaire; *sl*, squelette larvaire.

14. Le même Plutéus, vu de côté, de manière à apercevoir en même temps
les deux côtés.

15. Plutéus vu du côté convexe, montrant par transparence la disposition de
l'intérieur.

PLANCHE XII.

Développement de l'Amphiura squamata, dessiné à la chambre claire.

Fᴵɢ. 1. Le disque entier enlevé et vu du côté ventral, pour montrer la disposition des stylets qui portent les organes génitaux mâles.

2. Ebauche d'un ovule sur le stroma ovarien.

3. Une capsule ovarienne pédonculée..

4. L'œuf avant la maturité.

5, 6, 7, 8, 9. Différents états de la segmentation.

10. Blastosphère.

11. Ebauche du tube digestif. *ec*, ectoderme; *e*, estomac; *sl*, squelette larvaire; *gc*, gouttelettes graisseuses; *an*, anus.

12. Un embryon vu du côté dorsal'; on voit ainsi l'orifice anal, *an*. Le tube digestif en entier, mais par le sillon œsophagien. Les deux masses cellulaires sont situées à gauche du tube digestif.

13. Un embryon plus avancé, mais vu du côté ventral, le sillon œsophagien est bien apparent, le lobe anal commence à disparaître.

14. Différenciation de l'appareil aquifère, montrant toutes ses parties. *ca*, canal aquifère; *ft*, faisceaux tentaculaires; B, bouche; *e*, estomac.

15. Accentuation de la forme pentagonale et inflexion des tentacules buccaux. *vb*, vaisseau brachial; *tb*, tentacules buccaux; *tp*, tentacules brachiaux; B, bouche.

Le squelette calcaire n'est pas représenté dans ces figures.

SECONDE THÈSE

PROPOSITIONS DONNÉES PAR LA FACULTÉ

BOTANIQUE. — Nature, situation et développement des Stomates : — Caractères des composées.

GÉOLOGIE. — État de l'Europe méridionale et orientale pendant la période miocène jusqu'au commencement de la période pliocène.

Vu et approuvé :
Paris, le 21 novembre 1881.
LE DOYEN DE LA FACULTÉ DES SCIENCES,
MILNE-EDWARDS.

Vu et permis d'imprimer :
Paris, le 21 novembre 1881.
LE VICE-RECTEUR DE L'ACADÉMIE DE PARIS,
GRÉARD.

PARIS. — TYPOGRAPHIE A. HENNUYER. RUE DARCET, 7.

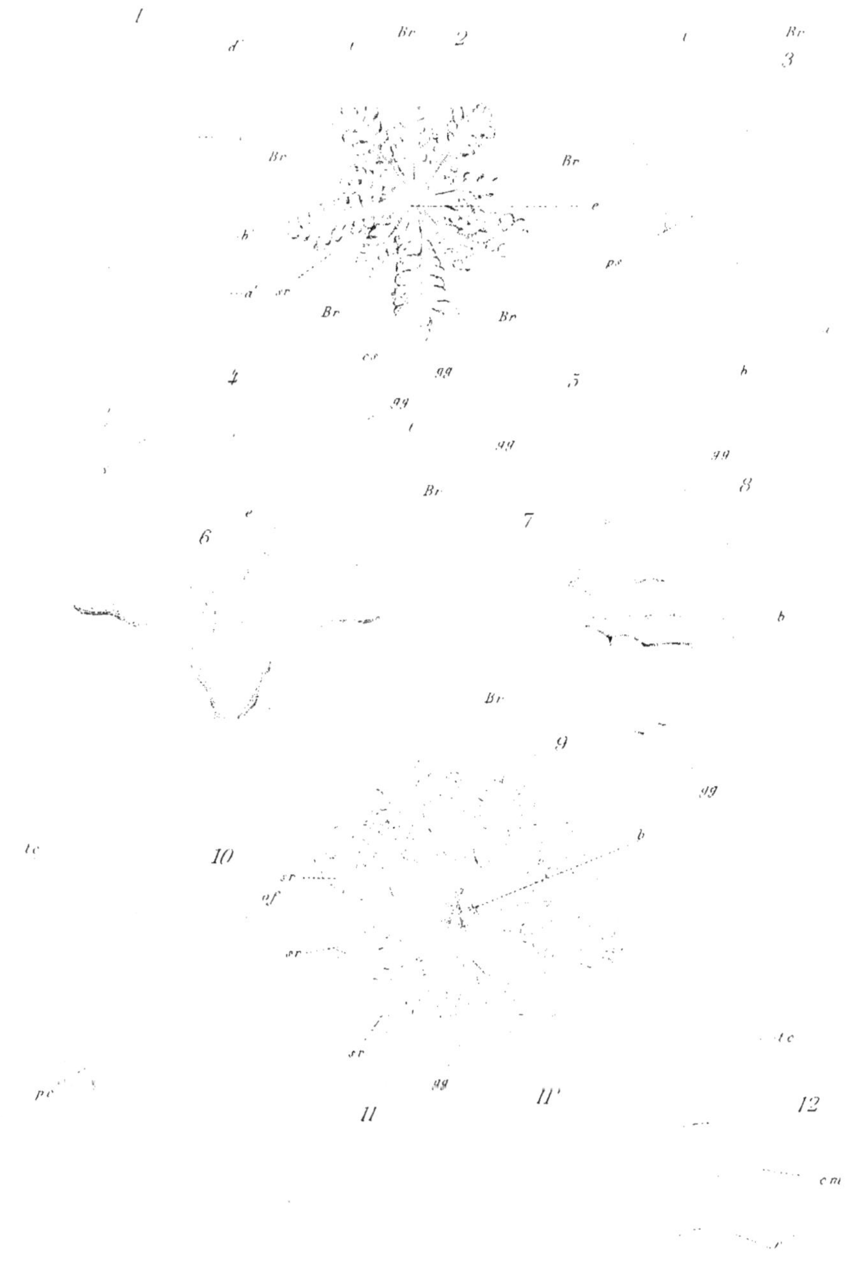

N. C. A. ad nat. del. Imp. Ch. Chardon aîné C. Mercier sc.

1
2
3
4
5
6
7
8
9
10
ep
ep
ex
pc
m
n
ca
gp
gp
ca
ec
gb
ca
pc

P. Spectabiles ad nat del.
Imp Ch Chardon ainé
G Mercier

Br
nb
nb
m
Br
m
2
1
cb
aa
vp
Br
3
tn
n
sp
Br
ex
m
n
n
cb
tn
en
4
n
5
r
va
n
cb
6''
6'
m
m
nb
8
tn
9
m
m
m
en

1
2
3
4
5
7
6
8
9
10
11
14
12
15
13